Bibliothek des Radio-Amateurs 2. Band
Herausgegeben von Dr. Eugen Nesper

Die physikalischen Grundlagen der Radiotechnik

Von

Dr. Wilhelm Spreen

Dritte
verbesserte und vermehrte Auflage

Mit 127 Textabbildungen

Berlin
Verlag von Julius Springer
1925

ISBN-13:978-3-642-88912-7   e-ISBN-13:978-3-642-90767-8
DOI: 10.1007/978-3-642-90767-8

Alle Rechte, insbesondere das der Übersetzung
in fremde Sprachen, vorbehalten.

Zur Einführung
der Bibliothek des Radioamateurs.

Schon vor der Radioamateurbewegung hat es technische und sportliche Bestrebungen gegeben, die schnell in breite Volksschichten eindrangen; sie alle übertrifft heute bereits an Umfang und an Intensität die Beschäftigung mit der Radiotelephonie.

Die Gründe hierfür sind mannigfaltig. Andere technische Betätigungen erfordern nicht unerhebliche Voraussetzungen. Wer z. B. eine kleine Dampfmaschine selbst bauen will — was vor zwanzig Jahren eine Lieblingsbeschäftigung technisch begabter Schüler war — benötigt einerseits viele Werkzeuge und Einrichtungen, muß andererseits aber auch ein guter Mechaniker sein, um eine brauchbare Maschine zu erhalten. Auch der Bau von Funkeninduktoren oder Elektrisiermaschinen, gleichfalls eine Lieblingsbetätigung in früheren Jahrzehnten, erfordert manche Fabrikationseinrichtung und entsprechende Geschicklichkeit.

Die meisten dieser Schwierigkeiten entfallen bei der Beschäftigung mit einfachen Versuchen der Radiotelephonie. Schon mit manchem in jedem Haushalt vorhandenen Altgegenstand lassen sich ohne besondere Geschicklichkeit Empfangsresultate erzielen. Der Bau eines Kristalldetektorenempfängers ist weder schwierig noch teuer, und bereits mit ihm erreicht man ein Ergebnis, das auf jeden Laien, der seine ersten radiotelephonischen Versuche unternimmt, gleichmäßig überwältigend wirkt: Fast frei von irdischen Entfernungen, ist er in der Lage, aus dem Raum heraus Energie in Form von Signalen, von Musik, Gesang usw. aufzunehmen.

Kaum einer, der so mit einfachen Hilfsmitteln angefangen hat, wird von der Beschäftigung mit der Radiotelephonie loskommen. Er wird versuchen, seine Kenntnisse und seine Apparatur zu verbessern, er wird immer bessere und hochwertigere Schaltungen ausprobieren, um immer vollkommener die aus dem Raum kommenden Wellen aufzunehmen und damit den Raum zu beherrschen.

Diese neuen Freunde der Technik, die „Radioamateure", haben in den meisten großzügig organisierten Ländern die Unterstützung weitvorausschauender Politiker und Staatsmänner gefunden unter dem Eindruck des universellen Gedankens, den das Wort „Radio" in allen Ländern auslöst. In anderen Ländern hat man den Radioamateur geduldet, in ganz wenigen ist er zunächst als staatsgefährlich bekämpft worden. Aber auch in diesen Ländern ist bereits abzusehen, daß er in seinen Arbeiten künftighin nicht beschränkt werden darf.

Wenn man auf der einen Seite dem Radioamateur das Recht seiner Existenz erteilt, so muß naturgemäß andererseits von ihm verlangt werden, daß er die staatliche Ordnung nicht gefährdet.

Der Radioamateur muß technisch und physikalisch die Materie beherrschen, muß also weitgehendst in das Verständnis von Theorie und Praxis eindringen.

Hier setzt nun neben der schon bestehenden und täglich neu aufschießenden, in ihrem Wert recht verschiedenen Buch- und Broschürenliteratur die „Bibliothek des Radioamateurs" ein. In knappen, zwanglosen und billigen Bändchen wird sie allmählich alle Spezialgebiete, die den Radioamateur angehen, von hervorragenden Fachleuten behandeln lassen. Die Koppelung der Bändchen untereinander ist extrem lose: jedes kann ohne die anderen bezogen werden, und jedes ist ohne die anderen verständlich.

Die Vorteile dieses Verfahrens liegen nach diesen Ausführungen klar zutage: Billigkeit und die Möglichkeit, die Bibliothek jederzeit auf dem Stande der Erkenntnis und Technik zu erhalten. In universeller gehaltenen Bändchen werden eingehend die theoretischen Fragen geklärt.

Kaum je zuvor haben Interessenten einen solchen Anteil an literarischen Dingen genommen, wie bei der Radioamateurbewegung. Alles, was über das Radioamateurwesen veröffentlicht wird, erfährt eine scharfe Kritik. Diese kann uns nur erwünscht sein, da wir lediglich das Bestreben haben, die Kenntnis der Radiodinge breiten Volksschichten zu vermitteln. Wir bitten daher um strenge Durchsicht und Mitteilung aller Fehler und Wünsche.

Dr. Eugen Nesper.

Vorwort zur ersten Auflage.

Kaum ein Zweig der Technik berührt sich so innig mit der Physik wie die drahtlose Telegraphie und Telephonie. Gründliche physikalische Schulung ist daher Voraussetzung für eine erfolgreiche Beschäftigung mit den Problemen des Radiowesens, vor allen Dingen dann, wenn der Radiotechniker auch imstande sein will, die Wirkungsweise seiner Apparatur im voraus zu bestimmen oder diese einem bestimmten Zwecke anzupassen.

Die vorliegende Schrift will dem gebildeten Laien die Möglichkeit geben, sich diejenigen physikalischen Kenntnisse anzueignen, die für das Verständnis des Radiowesens erforderlich sind. Auf die Entwicklung der Grundbegriffe wurde daher besonderer Wert gelegt. Voraussetzung für eine über unsicheres Tasten hinausgehende Betätigung auf physikalisch-technischem Gebiet ist auch für den Nichtfachmann die quantitative Erfassung der Probleme, weshalb auf mathematische Hilfsmittel nicht ganz verzichtet werden konnte. Jedoch habe ich mich bemüht, möglichst elementar zu bleiben; wo ohne Differential- und Integralrechnung nicht auszukommen war, habe ich die Rechnungen für fortgeschrittenere Leser in Fußnoten kurz angedeutet. Durch eingestreute Beispiele, die immer auf die Radiotechnik, und zwar besonders auf die Amateurarbeit Bezug haben, hoffe ich dem Leser das Verständnis für die abstrakten Rechnungen zu erleichtern.

Bei der Stoffauswahl gab es manche Schwierigkeiten zu überwinden; denn welches Gebiet aus der Elektrizitätslehre kann der Radioamateur entbehren? Jedoch wurde alles, was nicht in unmittelbarem Zusammenhang mit der Radiotechnik steht oder nur noch historischen Wert hat, nur kurz gestreift und so Zeit und Raum gewonnen für eine lebensvollere Gestaltung der bei der Übermittelung einer drahtlosen Nachricht stattfindenden elektromagnetischen Vorgänge. Daß auch Einrichtung und Wirkungsweise der Elektronenröhren einer eingehenden Würdigung unterzogen wurden, braucht wohl nicht besonders hervorgehoben zu werden.

Zum Schluß möchte ich es nicht unterlassen, Herrn Dr. Nesper, der mir in liebenswürdiger Weise eine Reihe von Abbildungen aus seinen Büchern (Handbuch der drahtlosen Telegraphie und Telephonie, Der Radio-Amateur) zur Verfügung gestellt hat, sowie der Verlagsbuchhandlung, die in wirtschaftlich schwerer Zeit alles getan hat, das Buch geschmackvoll auszustatten, meinen Dank auszusprechen.

Oldenburg i. O., im Januar 1924.

Dr. W. Spreen.

Vorwort zur zweiten Auflage.

Die zweite Auflage ist bis auf einige Berichtigungen und Ergänzungen ein unveränderter Neudruck der ersten. Möge das Büchlein auch weiterhin seinem Zwecke dienen, weitesten Kreisen unseres Volkes, besonders seinen werktätigen Schichten für die tieferen inneren Zusammenhänge technischer Dinge, mit denen das Leben sie täglich zusammenbringt, das Auge zu öffnen! „Den schlechten Mann muß man verachten, der nie bedacht, was er vollbringt!"

Oldenburg i. O., Ostern 1924.

Dr. W. Spreen.

Vorwort zur dritten Auflage.

Bei der Bearbeitung der dritten Auflage war vor allen Dingen Rücksicht zu nehmen auf die Entwickelung der Radiotechnik im letzten Jahre. Die Kapitel über Elektronenröhren und ihre Anwendung mußten daher in wesentlichen Punkten ergänzt werden. Neu aufgenommen wurde auch am Schluß der einzelnen Abschnitte ein kurzer Hinweis auf das betreffende Kapitel in dem Bändchen „Formeln und Tabellen", abgekürzt „F. u. T." (Band 12 ds. Sammlung), das als eine Ergänzung zum vorliegenden gedacht ist.

Oldenburg i. O., im Juni 1925.

Dr. W. Spreen.

Inhaltsverzeichnis.

Seite
1. Grundlehren der Elektrostatik. 1
2. Vom elektrischen Strom 21
3. Das magnetische Feld 26
4. Elektromagnetische Bestimmung der Spannung und Stromstärke. 30
5. Das Ohmsche Gesetz 38
6. Die sinusförmige Wechselspannung 48
7. Induktion und Selbstinduktion 53
8. Der Wechselstromwiderstand 63
9. Elektromagnetische Schwingungen 77
10. Elektromagnetische Wellen 95
11. Die Entwickelung der drahtlosen Telegraphie bis zur Erfindung der Elektronenröhre 102
12. Die Theorie der Elektronenröhre 108
13. Verwendung der Elektronenröhre in der Funktechnik . . 123
Literaturverzeichnis 153
Namen- und Sachverzeichnis 154

1. Grundlehren der Elektrostatik.

Zwei physikalische Grundbegriffe sind für das Verständnis der drahtlosen Telegraphie und Telephonie von ausschlaggebender Bedeutung, der Begriff des elektromagnetischen Feldes und der des elektrischen Elementarquantums. Aus methodischen Gründen dürfte es sich empfehlen, den letzteren an die Spitze zu stellen.

Wenn man vor wenigen Jahrzehnten von Atomen und Molekülen sprach, dann verstand man darunter nur eine Hilfsvorstellung, die man zur Erklärung der chemischen Grundgesetze und gewisser physikalischer Erscheinungen (Härte, Elastizität, Aggregatzustand, Schmelztemperatur, Kristallform usw.) glaubte machen zu müssen. Daß es jemals gelingen würde, ein genaues Bild von dem Bau dieser unvorstellbar kleinen Teilchen zu gewinnen, bezweifelte man. Heutzutage sind die Einwände, die damals nicht nur vom philosophischen und ästhetischen Standpunkt, sondern auch von seiten namhafter Naturforscher gegen die Annahme einer atomistischen Struktur der Materie erhoben wurden, angesichts der großen Erfolge, die die Theorie auf allen Gebieten physikalischer Erkenntnis aufzuweisen hat, verstummt.

Schon seit den ersten Anfängen einer wissenschaftlichen Chemie weiß man, daß sich die meisten Stoffe auf chemischem Wege in völlig ungleichartige Bestandteile zerlegen lassen. Ein Stoff, der durch die Mittel der Chemie nicht mehr weiter zerlegbar ist, wird als Grundstoff oder Element bezeichnet. Elemente sind z. B. Kupfer, Eisen, Kohlenstoff, Schwefel, Sauerstoff, Wasserstoff usw. Wir denken uns alle Grundstoffe aus nicht mehr teilbaren Teilchen, aus Atomen zusammengesetzt. Die Atome eines und desselben Elements sind einander völlig gleich, während die Atome verschiedener Elemente in ihren Eigenschaften, besonders in ihrem Gewicht verschieden sind. Zur Charakterisierung der Größe eines Atoms mag hervorgehoben werden, daß in einem cm^3 Kupfer sich etwa eine Quadrillion (= 10^{24}) Atome befinden.

Die nicht elementaren, also alle zusammengesetzten Stoffe entstehen dadurch, daß Atome verschiedener Elemente nach einem ganz bestimmten Zahlverhältnis in einen engen Zusammenhang treten und eine kleine Menge Substanz bilden, die man Molekül nennt. So vereinigt sich beim Verbrennen des Schwefels immer ein Atom Schwefel mit zwei Atomen Sauerstoff zu einem Molekül Schwefeldioxyd, einem stechend riechenden Gase. Die Moleküle sind die eigentlichen Bausteine der Materie. Auch bei den meisten Elementen treten zwei oder mehrere Atome zu einem Molekül zusammen, das aber hier aus Atomen desselben Elements besteht. Die Moleküle fast aller einfachen Gase sind zweiatomig; ihre Zahl beträgt in einem cm^3 unter gewöhnlichen Bedingungen (760 mm Barometerstand, 0^0 C Temperatur) $N = 27{,}2 \cdot 10^{18}$.

Die Verbindung der Atome zu Molekülen geschieht nach ganz bestimmten ein für allemal feststehenden Gewichtsverhältnissen. So sind die Elemente Natrium und Chlor im Kochsalzmolekül im Gewichtsverhältnis 23 : 35,5 verbunden. Diesen Verhältniszahlen müssen die Gewichte der Atome oder bestimmte ganzzahlige Vielfache von ihnen proportional sein. Die Atomgewichte werden meistens relativ, bezogen auf Sauerstoff, dessen Atomgewicht willkürlich mit 16 bezeichnet wird, angegeben.

Vor wenigen Jahrzehnten noch war die Ansicht allgemein, daß die Atome die letzten und kleinsten Elementarbestandteile der Materie wären. Die Materie und der Lichtäther, so glaubten die Physiker zu Anfang des vorigen Jahrhunderts, wären die Grundtatsachen unseres Weltbildes. Als aber um die Mitte des Jahrhunderts fortgesetzt neue Tatsachen auf dem Gebiete der Elektrizität entdeckt wurden, als man die Wärmewirkungen, die chemischen Wirkungen der elektrischen Ströme feststellte, namentlich als durch die unermüdlichen Anstrengungen Faradays die Induktionswirkungen und durch Heinrich Hertz deren wellenförmige Ausbreitung, die elektromagnetischen Wellen, erkannt wurden, da wurde es immer schwieriger, sich ein widerspruchsfreies Bild von dem Wesen der Elektrizität zu machen. Ein Teil der Erscheinungen schien auf eine atomistische Struktur der Elektrizität hinzuweisen.

Schon die Erzeugung der Elektrizität durch Reibung läßt darauf schließen, daß letzten Endes die Materie selbst Träger des elektrischen Zustandes ist. Es würde hier zu weit führen, alle die Tatsachen aus der Elektrostatik zu erwähnen, die das bestätigen. Ich erwähne nur die Tatsache, daß beim Reiben eines Glasstabes etwa mit Seide nicht nur der Glasstab elektrisch wird, sondern auch das Reibzeug, und zwar entgegengesetzt elektrisch; ferner die Erscheinung der Influenz, die darin besteht, daß ein in die Nähe eines isoliert aufgestellten Metallkörpers (Konduktor) gebrachter elektrisch gemachter Gegenstand auf dem zugekehrten Ende entgegengesetzte, auf dem abgewandten Ende gleichnamige Elektrizität hervorruft. Man schließt daraus, daß in der Materie beide Elektrizitäten, die positive und die negative, in gleicher Weise vorhanden sind. Namentlich aber die von Faraday entdeckte Tatsache, daß ein durch die Lösung eines Salzes, einer Säure oder einer Lauge geleiteter elektrischer Strom eine Zersetzung der Flüssigkeit herbeiführt, legt eine atomistische Auffassung der Elektrizität nahe.

So müssen wir außer den Atomen der Materie noch die Atome der Elektrizität unterscheiden; wir wollen die kleinsten Elementarbestandteile der Elektrizität Elektronen nennen. Es läge nun nahe, entsprechend den beiden Arten der Elektrizität zwei Arten von Elektronen, positive und negative, neben den Atomen der Materie anzunehmen. Gerade in den letzten Jahrzehnten aber gelang es festzustellen, daß gewisse Atome — und zwar handelt es sich da in erster Linie um die Atome höchsten Atomgewichts — fortgesetzt positive und negative elektrische Teilchen ausschleudern und dabei in völlig andere Atome mit meistens niederem Atomgewicht übergehen. Man nennt diese Erscheinung Atomzerfall oder Radioaktivität. Die tiefer gehende Erforschung des Atomzerfalls zeigte, daß dabei ein weitgehender Unterschied zwischen den ausgestrahlten positiven und negativen elektrischen Teilchen besteht; die ersteren haben die Größenordnung von Atomen, während die letzteren eine etwa 2000 mal so kleine Masse zu besitzen scheinen wie das leichteste Atom, das Wasserstoffatom. In ihnen haben wir also etwas von den Atomen der Materie Verschiedenes vor uns. Da man positive Elektrizität bisher immer in der Form der positiv geladenen materiellen Atome festgestellt hat, so hat man nur die ausgeschleuderten negativ elektrischen Teilchen, deren Bewegung sich so vollzieht, als ob sie mit einer trägen Masse beschwert wären, die rund 2000 mal so klein ist wie die Masse des Wasserstoffatoms, als **Elektronen** bezeichnet. **Das Elektron ist also das Elementarquantum der negativen Elektrizität.** Weiter mußte aus der Tatsache des Atomzerfalls die Folgerung gezogen werden, daß die Elektronen und jene ausgeschleuderten Atome kleinsten Atomgewichts die Bausteine des Atoms sind. Demnach sind die Atome der etwa 90 Elemente Komplexe oder Zusammensetzungen aus wenigen, wahrscheinlich nur zwei verschiedenen Elementarbestandteilen. Die hier vertretene Anschauung wird besonders gestützt durch die interessanten Erscheinungen, die sich beim Durchgang der Elektrizität durch ein Vakuum abspielen. Wir kommen darauf im 12. Kapitel zurück.

Man nimmt nun nach Rutherford heute an, daß **jedes Atom einen positiv elektrischen Kern enthält, der von Elektronen umkreist wird.** Das kleinste bis jetzt festgestellte positive elektrische Elementarquantum hatte die Größe des Wasserstoffatoms, so daß die Annahme naheliegt, daß sich das Innere der übrigen Atome aus solchen Wasserstoffkernen und Elektronen, den sog. Kernelektronen, zusammensetzt, jedoch so, daß die positive Ladung überwiegt. Da die positive Ladung eines Wasserstoffkerns gerade ausreicht, ein Elektron festzuhalten, ist die Zahl der den ganzen Atomkern umgebenden Elektronen gleich der Zahl der überschüssigen Wasserstoffkerne. Ein neutrales Wasserstoffatom besteht daher aus dem positiv elektrischen Kern und nur einem Elektron, das ihn umkreist wie ein Planet die Sonne (Abb. 1)[1].

Von der Anzahl der positiven Wasserstoffkerne im Atomkern hängt das Atomgewicht ab. Die Theorie nimmt z. B. für den Kern des Heliumatoms 4 Wasserstoffkerne an, was gut mit der Tatsache zusammenstimmt, daß Wasserstoff das Atomgewicht 1,008 und Helium das Atomgewicht 4 hat.

Abb. 1. Modell des Wasserstoffatoms.

Unter Zugrundelegung der hier gegebenen Vorstellungen würden bei der Reibung zweier Stoffe aneinander Elektronen aus dem Atomverbande des einen abgetrennt werden. Beim Reiben des

---

[1] Näheres s. Graetz: Die Atomtheorie in ihrer neuesten Entwickelung. Stuttgart: J. Engelhorns Nachf.

Glasstabes mit Seide verlieren die Glasatome Elektronen und werden positiv elektrisch, während das Reibzeug durch die von dem Glase abgegebenen Elektronen negativ elektrisch wird.

Es gibt übrigens eine Reihe von Stoffen, bei denen die Elektronen recht leicht aus dem Atomverbande freigegeben werden. In erster Linie handelt es sich dabei um die Metalle, die wegen ihres hohen Atomgewichts eine beträchtliche Anzahl von Elektronen besitzen müssen. Werden aus neutralen Atomen Elektronen abgetrennt, so bleiben positive Atomreste zurück; umgekehrt kommen auch Atome vor, die in ihrem Verbande mehr Elektronen haben, als zur Neutralisation erforderlich ist. Wir wollen allgemein die auf diese Weise entstehenden elektrisch nicht neutralen Atome **Ionen** nennen, und zwar die ersteren **Kationen**, die letzteren **Anionen**. In den Metallen sind freie Elektronen vorhanden, denen eine genau gleiche Anzahl Anionen entspricht. Der Übergang eines Atoms in den Ionenzustand wird als **Ionisation** bezeichnet.

Auch Gase gehen unter besonderen Bedingungen in den Ionenzustand über (vgl. darüber Kapitel 12). Desgleichen ist in verdünnten Lösungen der Säuren, Basen und Salze ein Teil der Moleküle in Kationen und Anionen zerfallen, worauf auf S. 22 kurz eingegangen werden soll.

Es ist nicht möglich, den Begriff des Elektrons von dem eingangs erwähnten zweiten Grundbegriff, dem des elektrischen Feldes, zu trennen. Die Erfahrung lehrt, daß elektrische Körper durch den Raum hindurch aufeinander einwirken, sich anziehen oder abstoßen (Gesetz der Anziehung ungleichnamiger, der Abstoßung gleichnamiger Elektrizitäten). Wir wollen einen Raum, in dem anziehende oder abstoßende elektrische Kräfte wirksam sind, als **elektrisches Feld** bezeichnen. Die durch Reibung elektrisch gemachte Glasstange, die ein elektrisches Markkügelchen abstößt oder anzieht, wird also von einem elektrischen Felde umgeben. Wir haben bisher stillschweigend den Begriff des Feldes vorausgesetzt, wenn wir von den Kräften sprachen, die die Elektronen an den Kern des Atoms binden. Natürlich werden auch Elektronen und Ionen von elektrischen Feldern umgeben.

Wir wollen nun in den folgenden Ausführungen einige elektrische Maßeinheiten, die für die Entwickelung der Grundbegriffe der Funktechnik nicht zu entbehren sind, ableiten. Dazu bedürfen wir zunächst einer quantitativen Bestimmung des elektrischen Feldes. Man hat die Einheiten der Elektrizitätslehre auf die der Mechanik zurückgeführt. In der Mechanik gilt als Einheit der Masse das Gramm (1 g*), als Einheit der Kraft die Dyne, d. i. die Kraft, die der Masse ein Gramm (1 g*) die Beschleunigung 1 cm/sec^2 erteilt[1]. Da das Gewicht ein Gramm seiner eigenen Masse beim freien Fall die Beschleunigung 981 cm/sec^2 (allgemein g) erteilt und die Beschleunigung der Kraft proportional ist, muß die Krafteinheit oder die Dyne gleich 1/981 Gramm sein, also

$$1 \text{ Dyne} = 1/981 \text{ Gramm} = 1/g \text{ Gramm} \quad \ldots \quad (1)$$

Um die Einheit der Elektrizitätsmenge festzulegen, könnten wir von der Ladung des Elektrons ausgehen, das würde aber einerseits mit einfachen Mitteln gar nicht möglich sein und uns andrerseits nicht zu den heute allgemein gebräuchlichen Einheiten führen. Das folgende Gedankenexperiment erlaubt uns, die Einheit der Elektrizitätsmenge auf die Krafteinheit zurückzuführen. Wir denken uns zwei punktförmige (d. h. auf einen sehr kleinen Raum zusammengedrängte) gleiche Ladungen, die wir uns auf zwei äußerst kleinen Probekugeln vorhanden denken, auf 1 cm einander genähert und messen die abstoßende Kraft in Dynen. Beträgt diese gerade eine Dyne, so haben die Probekugeln die Ladung 1 (elektrostatische Einheit der Elektrizitätsmenge). **Die elektrostatische Einheit der Elektrizitätsmenge ist also eine elektrische Ladung, die eine gleich große in 1 cm Entfernung mit der Kraft einer Dyne abstößt.** Die so definierte Einheit ist eine absolute; die Praxis benutzt eine viel größere Einheit, das Coulomb. Es ist

$$1 \text{ Coulomb} = 3 \cdot 10^9 \text{ elektrost. Einh. d. Elektrizitätsmenge} \quad (2)$$

Die Ladung eines Elektrons (S. 3) beträgt $4{,}77 \cdot 10^{-10}$ elektrost. Einheiten der Elektrizitätsmenge.

---

[1] Die Benennung cm/sec^2 liegt in dem Wesen des Begriffs der Beschleunigung begründet, ist seine Dimension. Es ist nämlich die Dimension der Geschwindigkeit = cm/sec, da die Geschwindigkeit erhalten wird, wenn man den in der sehr kleinen Zeit dt zurückgelegten Weg ds durch dt dividiert. Da aber die Beschleunigung gleich der in der sehr kleinen Zeit dt erfolgten Geschwindigkeitszunahme dv, dividiert durch dt ist, muß man die Dimension der Geschwindigkeit durch eine Zeit dividieren, um die Dimension der Beschleunigung zu erhalten.

Grundlehren der Elektrostatik.

Es verdient noch bemerkt zu werden, daß wir den Begriff der Elektrizitätsmenge nicht direkt bestimmt haben, sondern daß wir zu seiner Definition die Kraftwirkungen der Elektrizität im Raume oder das elektrische Feld benutzt haben. Allgemein wird die Größe der Kraft, mit der zwei elektrische Ladungen aufeinander einwirken, durch das Gesetz von Coulomb bestimmt, das aussagt, daß die Kraft K, mit der zwei elektrische Ladungen aufeinander einwirken, gleich ist dem Produkt ihrer Elektrizitätsmengen, dividiert durch das Quadrat ihrer Entfernung. Sind also die Elektrizitätsmengen q_1 und q_2 (elektrostatisch) in der Entfernung r (in cm) gegeben, so ist

$$K = \frac{q_1 \cdot q_2}{r^2} \text{ Dynen} \quad \ldots \ldots \ldots (3)$$

(Coulombsches Gesetz, experimenteller Nachweis mit der Coulombschen Drehwage). Es läßt sich nämlich leicht zeigen, daß die abstoßende Wirkung zweier gleichnamiger Ladungen n-mal so groß wird, wenn man die eine von ihnen auf den n-fachen Betrag bringt. Andrerseits nimmt die abstoßende Kraft mit zunehmender Entfernung ab und zwar so, daß sie bei einer Verdoppelung der Entfernung nur noch $1/4$, in der dreifachen Entfernung $1/9$ ihres ursprünglichen Wertes beträgt. Da nun die Ladung 1 die Ladung 1 in der Entfernung 1 cm mit der Kraft einer Dyne abstößt, ergibt sich folgender Kettenschluß: Die Ladung 1 (absolute elektrost. Einheit) stößt die Ladung 1 in 1 cm Entfernung mit der Kraft 1 Dyne ab, die Ladung q_1 daher die Ladung 1 in derselben Entfernung mit der Kraft q_1 Dynen. Dann beträgt die Kraft, mit der die Ladung q_1 die Ladung q_2 in 1 cm Entfernung abstößt, $q_1 \cdot q_2$ Dynen. Wird nun die Entfernung r cm, so beträgt die abstoßende Kraft $\frac{q_1 \cdot q_2}{r^2}$ Dynen. Ist in (3) z. B. $q_1 = q_2 = 1$, $r = 1$, so wird $K = 1$, entsprechend unserer Definition.

Gleichung (3) gilt nur im luftleeren Raume. Bestimmt man die Einwirkung der beiden Elektrizitätsmengen aufeinander in einem nichtleitenden Zwischenmittel, etwa in Öl, so erhält man für die Kraft in r cm Entfernung den Ausdruck

$$K = \frac{1}{\varkappa} \cdot \frac{q_1 \cdot q_2}{r^2} \quad \ldots \ldots (3a)$$

Die neu auftretende Konstante $\varkappa$ ist von dem Zwischenmittel oder Dilektrikum abhängig und heißt seine Dielektrizitätskonstante; $\varkappa$ ist im allgemeinen größer als 1 (vgl. S. 16). Für Luft ist $\varkappa$ annähernd 1, so daß hier (3) mit größter Genauigkeit gilt.

Die Kraft in Dynen, mit der ein mit der Elektrizitätsmenge q geladener Körper auf einen anderen mit der Elektrizitätsmenge 1 (beide Mengen im absoluten Maßsystem gemessen) geladenen an irgendeinem Punkte des Feldes einwirkt, soll die **Feldstärke** in diesem Punkte heißen. Die Feldstärke ist somit eine das elektrische Feld charakterisierende Größe, der in jedem Punkte des Raumes eine ganz bestimmte Richtung zukommt[1]). Wir bezeichnen sie mit F. Für das Vakuum, annähernd für Luft, wird

$$F = \frac{q}{r^2} \text{ Dynen} \quad \ldots \ldots \ldots (4)$$

während man für ein Mittel mit der Dielektrizitätskonstante $\varkappa$

$$F = \frac{1}{\varkappa} \cdot \frac{q}{r^2} \text{ Dynen} \ldots \ldots (4a)$$

erhält.

Da die Feldstärke im folgenden eine hervorragende Rolle spielt, suchen wir nach einem bequemen Bilde, durch das Richtung und Größe der Feldstärke in jedem Punkte des Raumes dargestellt wird. Eine Linie, die in jedem Punkte des Feldes die Richtung angibt, in der eine positive Ladung durch die elektrische Kraft bewegt würde, soll eine **elektrische Kraftlinie** heißen. Die Zahl der Kraftlinien kann man willkürlich so festsetzen, daß durch das cm² gerade soviel Kraftlinien senkrecht hindurchgehen, als die Feldstärke hier beträgt. Die punktförmige Ladung sei beipsielsweise 100 absolute Einheiten, und wir wollen der Einfachheit halber $\varkappa = 1$ wählen. In 1 cm Entfernung beträgt die Feldstärke dann nach (4) 100, in 2 cm Entfernung 25, in 10 cm Entfernung 1 Einh. Mithin müßten in 1 cm Entfernung 100, in 2 cm Entfernung 25, in 10 cm Entfernung eine Kraftlinie durch 1 cm² senkrecht hindurchgehen. Denken wir uns nun um die Ladung q eine Kugel vom Radius r cm so gelegt, daß die Ladung q im Mittelpunkt liegt, so gehen durch das cm² dieser Kugelfläche $\frac{q}{r^2}$ Kraftlinien hindurch, durch die ganze Oberfläche also,

---

[1]) Größen dieser Art bezeichnet man in der Physik allgemein als **Vektoren**.

Grundlehren der Elektrostatik.

da sie gleich $4r^2\pi$ cm² ist (π ist annähernd gleich 3,14159), $4r^2\pi \cdot \frac{q}{r^2}$ Kraftlinien, das sind $4\pi q$ Kraftlinien. In unserem Beispiel, in dem die Ladung zu 100 absoluten Einheiten angenommen war, würden $4 \cdot 3{,}14159 \cdot 100$, also etwa 1250 Kraftlinien von der Ladung ausgehen. Ist q eine positive Ladung, so nennt man sie Quellpunkt der $4\pi q$ Kraftlinien, die negative Ladung $-q$ Sinkstelle für $4\pi q$ Kraftlinien. Die Kraftlinien sind danach Kurven, die im Quellpunkt beginnen und in der Sinkstelle enden. Das hier erhaltene Resultat gilt auch für nicht punktförmige Ladungen.

Die letzteren Betrachtungen gelten unter der Voraussetzung, daß die Dielektrizitätskonstante des Feldes (S. 8) den Wert 1 hat, daß also die Vorgänge im luftleeren Raum sich abspielen. Liegt aber die Ladungsmenge q in einem Dielektrikum eingebettet, so ist die Feldstärke nach (4a) kleiner und zwar $= \frac{1}{\varkappa} \cdot \frac{q}{r^2}$, wo $\varkappa$ die Dielektrizitätskonstante ist, und wir erhalten als Kraftlinienanzahl den Ausdruck $\frac{4\pi q}{\varkappa}$.

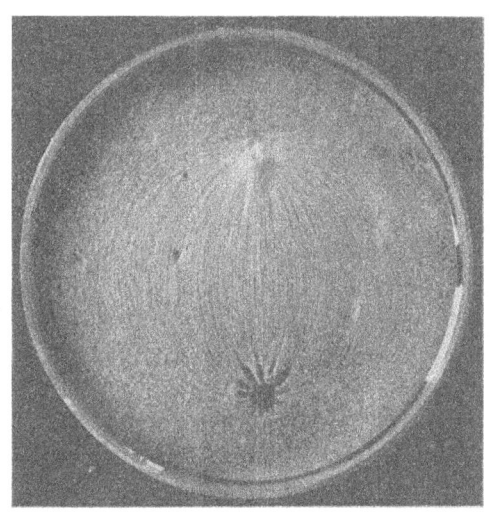

Das Feld zweier entgegengesetzter Ladungen zeigt Abb. 2, die nach einem von Seddig (Phys. Z. 5, 1904, S. 403) angegebenen Verfahren aufgenommen wurde[1]).

Im elektrischen Felde erfährt also eine elektrische Ladung einen Bewegungsantrieb, die Bewegung einer positiven Ladung den Kraft-

---

[1]) Abb. 2 sowie die Abb. 4, 6, 12, 15, 17 und 18 sind entnommen aus Benischke: Die wissenschaftlichen Grundlagen der Elektrotechnik. 6. Aufl., Berlin: Julius Springer 1922.

linien entgegen ist nur durch Überwindung eines Widerstandes möglich. Nicht anders ist es z. B. mit einem Gewicht, das entgegen der Richtung der Schwerkraft bewegt wird. Hebt man etwa das Gewicht 1 kg 1 m hoch, so leistet man eine gewisse Arbeit, die als Meterkilogramm (mkg) bezeichnet wird. Dadurch gewinnt das gehobene Gewicht einen bestimmten Energievorrat; es vermehrt seine Energie der Lage oder seine potentielle Energie; denn es kann jetzt dadurch, daß es etwa in die Ausgangslage zurückfällt, wieder Arbeit leisten, z. B. wie beim Flaschenzug eine Last heben. Da bei der Bewegung einer Elektrizitätsmenge gegen die Kräfte des Feldes auch Arbeit geleistet wird, so besitzt eine elektrische Ladung in einem elektrischen Felde eine gewisse potentielle Energie, die von der Ladung und der Feldstärke abhängig ist. Je näher man z. B. in Abb. 3 den Punkt P mit der Ladung $+1$ an die Ladung $+q$ in M, die das Feld erzeugen soll, heranbringt, desto größer ist seine potentielle Energie. Wie in der Mechanik bedeutet also auch hier die potentielle Energie einen Arbeitswert.

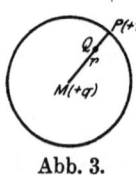

Abb. 3.
Das Potential.

Die Ladung $+1$ in einem näher bei M gelegenen Punkte Q hat eine größere potentielle Energie als die Ladung $+1$ in P. Jedem Punkte des elektrischen Feldes der Ladung $+q$ in M ist daher ein besonderer Funktionswert zugeordnet, der gleich der potentiellen Energie der Ladung $+1$ in diesem Punkte ist; dieser Funktionswert soll das Potential des Feldes heißen.

Ein Blick auf die Abb. 3 überzeugt uns sofort davon, daß es theoretisch nicht schwer sein muß, die Differenz der Potentiale von Q und P zu messen; man braucht nur festzustellen, wie groß die für die Bewegung der Ladung $+1$ von P nach Q erforderliche Arbeit ist. Andrerseits ist die Bestimmung des absoluten Wertes des Potentials praktisch überhaupt nicht möglich. Wir gebrauchen daher im folgenden im wesentlichen den Begriff der Spannungs- oder Potentialdifferenz. Für das elektrische Feld bedeutet also die Spannungsdifferenz den Unterschied der Potentiale zweier seiner Punkte.

Alle Punkte gleichen Potentials liegen auf einer Fläche, die wir Niveaufläche nennen wollen; in ihr kann man also die

Grundlehren der Elektrostatik. 11

Ladung +1 ohne Arbeitsaufwand verschieben. Die Oberfläche eines jeden Leiters ist eine solche. Zwei Leiter haben demnach einen Spannungsunterschied, wenn sie verschiedenen Niveauflächen angehören; in diesem Falle muß eine Arbeit geleistet werden, wenn man die Ladung +1 von der Fläche niederen Potentials in die höheren Potentials bringt, und die Größe dieser Arbeit ist ein Maß für die Spannungsdifferenz. Verbinde ich andrerseits die beiden Leiter durch einen leitenden

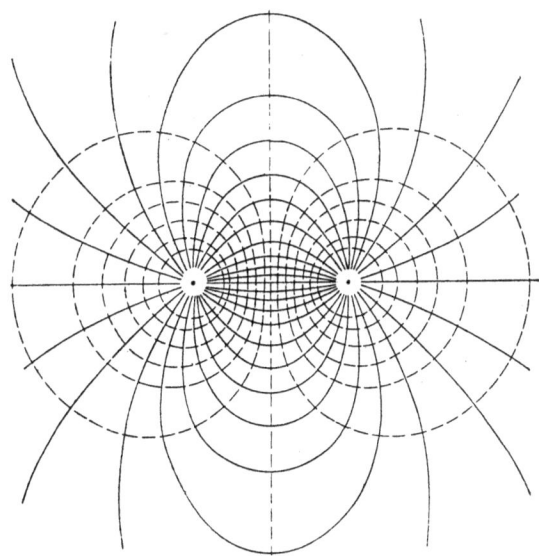

Abb. 4. Kraftlinien und Niveauflächen zweier entgegengesetzter Ladungen gleicher Größe (nach Benischke).

Draht, so tritt eine Bewegung der Elektronen ein, bis die Potentialdifferenz verschwunden ist.

Abb. 4 zeigt einen Schnitt durch zwei entgegengesetzt gleiche Ladungen; die ausgezogenen Kurven sind die Kraftlinien, während die gestrichelten die Schnittkurven der Schnittebene (Zeichenebene) mit den Niveauflächen darstellen.

Wir messen nach obigem die Spannungsdifferenz durch die Arbeit, die geleistet werden muß, um die Ladung +1 von dem Leiter niederen Potentials auf den höheren Potentials zu bringen. In der Mechanik berechnen wir die Arbeit durch das Produkt Weg mal Widerstand, falls der Widerstand längs des ganzen Weges konstant ist. Als Einheit benutzt man die **Zentimeter-Dyne** oder das **Erg**, d. i. die Arbeit, die geleistet wird, wenn der Widerstand von einer Dyne längs eines Weges von einem Zentimeter überwunden wird, also wenn man etwa 1 mg 1 cm hochhebt.

Wir setzen daher fest: **ein Punkt des elektrischen Feldes hat gegenüber einem anderen die Spannungsdifferenz $+1$, wenn die Arbeit von einem Erg erforderlich ist, um die absolute Einheit der Elektrizitätsmenge von dem Leiter niederen zu dem höheren Potentials zu bringen.** Sind zwei Erg erforderlich, so hat er die Spannung $+2$, bei e Erg $+e$. Würde man statt der Elektrizitätsmenge $+1$ die Menge $+q$ bewegen, so erhielte man eine q-mal so große Arbeit. Wir haben also die wichtige Beziehung, daß $q \cdot e$ Erg Arbeit geleistet werden, wenn man die Ladung $+q$ von einem Leiter auf einen anderen bringt, der eine um e Einheiten höhere Spannung hat,

$$a = q \cdot e \text{ Erg.} \qquad \qquad (5)$$

Statt des Erg gebraucht man in der Technik häufiger als Einheit der Arbeit das **Joule**; es ist

$$1 \text{ Joule} = 10^7 \text{ Erg.} \qquad \qquad (6)$$

Mißt man nun die Elektrizitätsmenge in Coulomb, die Arbeit in Joule, so muß, damit Gleichung (5) bestehen bleibt, die Spannung in einer anderen Einheit gemessen werden, die man ein **Volt** nennt. **Ein Punkt des elektrischen Feldes hat also gegen einen anderen den Spannungsunterschied von einem Volt, wenn man die Arbeit von einem Joule aufwenden muß, um die Elektrizitätsmenge 1 Coulomb von einem Punkte niederer Spannung nach einem Punkte höherer Spannung zu bewegen.** Wir berechnen jetzt das Verhältnis des Volt zu der absoluten elektrostatischen Einheit der Spannungsdifferenz. Es ist nach (5)

$$1 \text{ Joule} = 1 \text{ Volt} \cdot 1 \text{ Coulomb},$$

also $\quad 1 \text{ Volt} = \dfrac{10^7}{3 \cdot 10^9}$ absoluten Einheiten d. Spannung

$$= \frac{1}{300} \quad ,, \quad ,, \quad ,, \quad ,, \quad . \quad (7)$$

Damit ist die überaus wichtige Einheit 1 Volt definiert; aber der Leser wird zugeben müssen, daß es durchaus nicht einfach sein würde, wollte man nun aus dieser Definition die Einheit der Spannung wirklich experimentell bestimmen. Es stehen uns dazu noch andere, einfachere Mittel zur Verfügung, wovon weiter unten die Rede sein wird (vgl. Kap. 5).

Die Spannung der Elektrizität wächst mit der Ladung, da ja die Felder der einzelnen Elektronen oder positiven Ionen sich überlagern. Man kann experimentell nachweisen, daß die Spannung n-mal so groß wird, wenn man die Ladung, die Elektrizitätsmenge, auf den n-fachen Betrag steigert: Daraus ergibt sich, daß der Bruch $\dfrac{\text{Elektrizitätsmenge}}{\text{Spannung}}$ für denselben Leiter immer denselben Wert behält, wenn die Ladung q vergrößert oder verkleinert wird. q und e sollen hier die Maßzahlen der Elektrizitätsmenge und der Spannung im absoluten elektrostatischen Maßsystem sein. Wir dürfen also den so erhaltenen Quotienten $\dfrac{q}{e}$ gleich einer konstanten Zahl C setzen, und es ist

$$\frac{q}{e} = C, \quad q = e \cdot C. \qquad \qquad (8)$$

C heißt die **Kapazität** des Leiters. Die Kapazität ist eine den Leiter charakterisierende Konstante.

Um eine mehr konkrete Bedeutung für die Kapazität zu erhalten, bestimmen wir diejenige Elektrizitätsmenge q_1, die wir zu der schon auf dem Leiter vorhandenen Menge q hinzufügen müssen, damit die Spannung von e auf $e+1$ steigt, also um eine Einheit wächst. Es muß dann

$$\frac{q+q_1}{e+1} = \frac{q}{e} = C$$

sein, also $\qquad q + q_1 = C \cdot e + C,$

oder wegen (8) $\qquad q_1 = C \quad \ldots \ldots \ldots \ldots \quad (9)$

sein: die Kapazität hat daher die gleiche Maßzahl wie diejenige Elektrizitätsmenge, durch die die Spannung des Leiters um eine Einheit erhöht wird.

Kapazität hat jeder Leiter. Leiter besonders großer Kapazität heißen **Kondensatoren**; sie haben für die Radiotechnik sehr große Bedeutung. Zum Verständnis der Kondensatorwirkung

denken wir uns zwei parallele, gleich große Metallplatten, eine
feststehende A und eine bewegliche B, nach Art der Abb. 5 einander gegenüber gestellt. Die feststehende soll sorgfältig isoliert sein, während die bewegliche leitend mit der Erde verbunden ist. Wir denken uns nun die feststehende Platte (etwa durch Verbindung mit dem Konduktor einer Elektrisiermaschine) auf eine bestimmte Elektrizitätsmenge und Spannung gegen Erde gebracht;

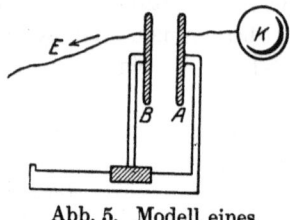

Abb. 5. Modell eines Plattenkondensators.

beide Werte seien durch sorgfältige Messungen (etwa mit
einem empfindlichen Elektrometer) festgestellt. Wird jetzt die
bewegliche Platte näher an die feste herangeschoben, so sinkt
die Spannung und zwar im Verhältnis der Entfernung, obwohl
die Elektrizitätsmenge dieselbe geblieben ist. Der Quotient $\frac{q}{e}$,
die Kapazität, wächst also. Durch Zuladen einer entsprechenden
Elektrizitätsmenge kann die ursprüngliche Spannung wieder
hergestellt werden. Der Kondensator besteht also aus
zwei Leitern, die durch ein Zwischenmittel oder Dielektrikum getrennt sind.

Hier ist das Zwischenmittel oder Dielektrikum Luft. Bringt
man aber ein anderes Zwischenmittel zwischen die beiden Platten.
etwa eine Ebonitplatte, so sinkt die Spannung bei unveränderter
Elektrizitätsmenge abermals. Der Wert $\frac{q}{e}$, die Kapazität ist also
größer geworden, und zwar in dem Maße, in dem der Nenner e
kleiner geworden ist. Ist die Spannung n-mal so klein geworden,
so kann man die n-fache Elektrizitätsmenge aufladen, um den
ursprünglichen Wert der Spannung wieder herzustellen. Die
Kapazität hat den n-fachen Betrag erreicht; sie ist somit auch
von dem Dielektrikum abhängig, und die Berechnung der Kapazität, die wir nunmehr mit Hilfe der bisher gewonnenen Vorstellungen ausführen können, wird uns zeigen, in welcher Weise
das der Fall ist.

Die Platten haben die Größe F (in cm^2), der Plattenabstand
und gleichzeitig die Dicke des Dielektrikums sei d (in cm). Befindet sich nun auf der nicht geerdeten Platte (Abb. 5) die Elek-

Grundlehren der Elektrostatik.

trizitätsmenge $+ q$, so gehen von ihr nach S. 9 $\dfrac{4\pi q}{\varkappa}$ Kraftlinien senkrecht zur zweiten Platte, wo $\varkappa$ die Dielektrizitätskonstante des Zwischenmittels ist. Wie die Abb. 6, die die eine Hälfte eines Kondensatorfeldes darstellt, zeigt, gehen die $\dfrac{4\pi q}{\varkappa}$ Kraftlinien fast sämtlich auf dem kürzesten Wege von der einen Platte zur anderen, so daß das Dielektrikum fast alle Kraftlinien aufnimmt. Hier besteht daher ein gleichmäßig verteiltes Kraftfeld mit parallelen Kraftlinien (homogenes Feld). Die Feldstärke, d. i. die Zahl der durch 1 cm² senkrecht hindurchgehenden Kraftlinien (S. 8), ist danach

$$K = \frac{4\pi q}{\varkappa \cdot F} \text{ Dynen,}$$

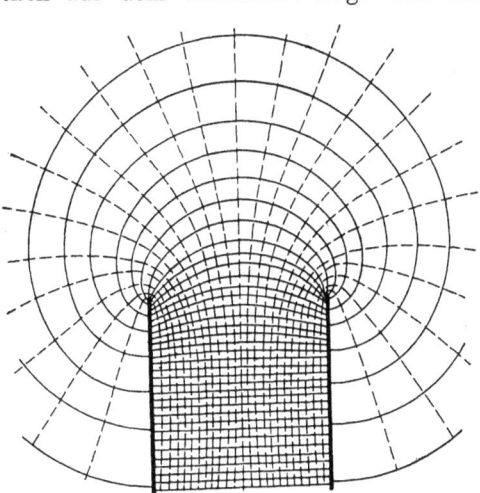

Abb. 6. Kraftlinien und Niveauflächen zwischen den beiden Platten eines Kondensators (nach Benischke).

und es ist also zur Fortbewegung der Elektrizitätsmenge $+1$ von der geerdeten zur nicht geerdeten Platte ein Arbeitsaufwand von $K \cdot d$ Erg oder von $\dfrac{4\pi q}{\varkappa \cdot F} \cdot d$ Erg erforderlich. Diese Arbeit ist aber nach (5) gleich der Spannungsdifferenz e der beiden Platten. Es ist also

$$e = \frac{4\pi q \cdot d}{\varkappa \cdot F}$$

oder

$$\frac{q}{e} = \frac{\varkappa \cdot F}{4\pi d}.$$

Das ist aber die Kapazität C; somit ist

$$C = \frac{\varkappa \cdot F}{4\pi d} \text{ cm.}$$

Hieraus gewinnen wir eine neue Bedeutung der Dielektrizitätskonstante: sie gibt an, in welchem Verhältnis sich die Kapazität eines Kondensators vergrößert, wenn ein bestimmtes Zwischenmittel den Raum zwischen den Kondensatorplatten ausfüllt. Für Luft ist annähernd $\varkappa = 1$ (genauer 1,0006; $\varkappa = 1$ gilt für das Vakuum). Wählt man nun statt Luft ein Zwischenmittel, dessen Dielektrizitätskonstante 2 ist, so wird die Kapazität 2-mal so groß.

Hier sollen die Dielektrizitätskonstanten einiger wichtiger Zwischenmittel aufgeführt werden (F. u. T. S. 5):

Vakuum	$\varkappa = 1$	Glas	$\varkappa =$ 5 bis 10
Luft	1,0006	Glimmer	5 bis 8
Petroleum	2	Hartgummi	2,7
Schwefelkohlenstoff	2,6	Paraffin	1,8 bis 2,3
Wasser (dest.)	81	Schwefel	3,6 bis 4,8

Formel (10) zeigt, daß die Kapazität die Dimension einer Länge hat, die Einheit der Kapazität ist daher im absoluten elektrostatischen Maßsystem das Zentimeter. Diese Kapazität hat demnach ein Leiter, auf dem die absolute (elektrostatische) Einheit der Elektrizitätsmenge die absolute Einheit der Spannung erzeugt. Ein Kondensator, auf dem die praktische Einheit der Elektrizitätsmenge 1 Coulomb die Spannung 1 Volt erzeugen würde, hätte demnach, da ein Coulomb $= 3 \cdot 10^9$ abs. elektrost. Einheit. der Elektrizitätsmenge, 1 Volt $= \dfrac{1}{300}$ abs. elektrost. Einheit. der Spannung, die Kapazität

$$C = \frac{3 \cdot 10^9}{\dfrac{1}{300}} \text{ cm} = 9 \cdot 10^{11} \text{ cm}.$$

Hierdurch ist eine technische Einheit der Kapazität definiert; man nennt sie Farad[1]), es ist daher

$$1 \text{ Farad} = 9 \cdot 10^{11} \text{ cm}. \quad \ldots \ldots \quad (11)$$

Der millionste Teil dieser Kapazität heißt ein Mikrofarad (MF)

$$1 \text{ MF} = 9 \cdot 10^5 \text{ cm}. \quad \ldots \ldots \quad (11a)$$

---

[1]) Zu Ehren des großen englischen Physikers Faraday.

Grundlehren der Elektrostatik. 17

Es ist demnach
$$1 \text{ Farad} = \frac{1 \text{ Coulomb}}{1 \text{ Volt}}.$$
(F. u. T. S. 3. Tab. 1)

Einer der einfachsten Kondensatoren ist die Leydener Flasche, die anfänglich in der Funkentelegraphie viel gebraucht wurde. Außen- und Innenseite eines unten verschlossenen Glaszylinders sind mit Stanniol beklebt, jedoch so, daß ein 6 bis 10 cm breiter Streifen oben unbeklebt bleibt. Dieser Streifen muß natürlich gut isolieren, was man bei Feuchtigkeit anziehenden Glassorten durch einen Firnisüberzug erreicht. Gewöhnlich ist die Außenbelegung geerdet, während die Innenbelegung mit einer Elektrizitätsquelle verbunden werden kann. Man berechnet die Kapazität einer Leydener Flasche nach Formel (10); F ist hier die Größe der beklebten Fläche.

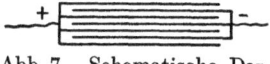

Abb. 7. Schematische Darstellung eines Blockkondensators.

Beispiel: Die Kapazität einer Leydener Flasche, deren Durchmesser 10 cm und deren Höhe 40 cm beträgt, wobei ein 10 cm breiter Rand oben freigelassen ist, ist zu berechnen, wenn die Glasdicke 2 mm und die Dielektrizitätskonstante des Glases 5,6 ist.

Lösung: Hier ist $F = 10 \cdot \pi \cdot 30 + 5^2 \cdot \pi = 325\,\pi$ cm, also $C = \dfrac{\varkappa F}{4\,\pi\,d}$ cm $= 2275$ cm.

Abb. 7 gibt die schematische Darstellung eines Blockkondensators. Eine größere Anzahl übereinander geschichteter gleich großer Stanniol- oder Kupferblätter von rechteckigem Format sind durch über-

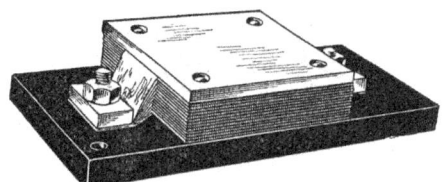

Abb. 8. Gelegter Festkondensator der Birgfeld-Broadcast A.-G.

stehende Isolationsblätter aus Glimmer oder paraffiniertem Papier voneinander getrennt. Die Metallblätter sind so angeordnet, daß das 1., 3. usw. Blatt an der einen, das 2., 4., 6. usw. Blatt an der anderen Seite einige Zentimeter vorstehen und durch zwei Backen zusammengehalten werden, die die beiden Pole des Kondensators bilden. Abb. 8 zeigt einen für Empfangszwecke brauchbaren Blockkondensator.

18   Grundlehren der Elektrostatik.

Nimmt man als Dielektrikum paraffiniertes Papier, so läßt sich auf kleinem Raum eine große Anzahl von Blättern unterbringen und so eine verhältnismäßig große Kapazität herstellen. Im Telephonbetrieb der Reichspost werden derartige Kondensatoren von etwa 1 bis 8 MF verwandt. Bei diesen Kondensatoren ist die Durchschlagsfestigkeit natürlich sehr gering, zudem sind sie nicht verlustfrei.

Kleinere Blockkondensatoren (s. Abb. 8) mit Glimmer als Dielektrikum werden in Kapazitäten von 100 bis 200000 cm ausgeführt. Hat ein Blockkondensator n Blätter der wirksamen Fläche F, und ist die Dicke des Dielektrikums d, so hat er eine Kapazität

$$C = \frac{(n-1)\varkappa \cdot F}{4\pi d} \text{cm} \quad \ldots \ldots \ldots (12)$$

wie man leicht aus Formel (10) folgert[1]).

Für Empfängerzwecke sind häufig auch Kondensatoren veränderlicher Kapazität erforderlich; als solche sind fast überall **Drehkondensatoren** im Gebrauch. Hierzu werden zwei halbkreisförmige Plattensysteme verwandt, deren Platten in gleichem Abstande angeordnet sind (Abb. 9). Die Platten des einen Systems (c) sind fest zwischen zwei Grundplatten (a) und (g), die durch Stützen (b) gehalten werden, einmontiert, und durch Zwischenstücke (d) in den richtigen Abstand gebracht. Es können nun die Platten (e), die fest untereinander durch die Drehachse (f) verbunden sind, mehr oder weniger weit in die Zwischenräume des festen Systems hineingedreht werden. Die Schrauben (h) dienen zur Befestigung des Kondensators etwa an der Platte des Empfängers. Die größte Kapazität wird erreicht, wenn die beweglichen Platten ganz

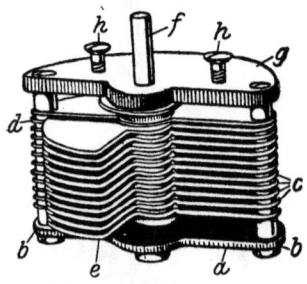

Abb. 9. Aufbau des Drehplattenkondensators.

---

[1]) Mit Ausnahme der beiden äußeren Blätter, von denen nur eine Seite wirksam ist, sind nämlich beide Seiten der Blätter wirksam, so daß wir $\frac{2 + 2(n-1)}{2} = n - 1$ einfache Kondensatoren nach Art der Formel (10) erhalten.

Grundlehren der Elektrostatik. 19

zwischen den festen Platten verschwunden sind, dann gilt Formel (12). Jedoch ist die Kapazität nicht Null, wenn das bewegliche System dem unbeweglichen gegenübersteht. Es hat jeder Drehkondensator eine gewisse Anfangskapazität. Die Stellung der Platten wird durch einen Zeiger, der fest mit der Achse verbunden ist, auf einer Gradeinteilung angezeigt (F. u. T. S. 6).

Beispiel: Es soll ein kleiner Blockkondensator der Kapazität 500 cm angefertigt werden. Zur Verfügung stehen Glimmerblättchen ($\varkappa = 6$) von der Dicke 0,2 mm. Die wirksame Plattengröße ist $F = 2 \cdot 3$ cm². Wieviel Platten sind erforderlich?

Lösung: Nach (12) ist
$$500 = \frac{(n-1) \cdot 6 \cdot 6}{4 \cdot \pi \, 0{,}02} = (n-1) \cdot 144$$
daher
$$n = \frac{500}{144} + 1 = 5.$$

Beispiel: Ein Drehkondensator hat 18 halbkreisförmige Platten vom Durchmesser $2\,r = 10$ cm, Plattenabstand 1 mm, Kapazität?

Lösung:
$$C = \frac{17 \cdot 25 \pi \text{ cm}}{2 \cdot 4 \cdot \pi \, 0{,}1} = 533\,^1/_3 \text{ cm}.$$

Wichtig ist noch die Schaltung der Kondensatoren, deren Hauptformen in den Abb. 10[1]) und 11 dargestellt sind. Wenn die einander entsprechenden Pole mehrerer Kondensatoren sämtlich untereinander verbunden sind, so hat man die Parallelschaltung. Offenbar wirkt dann das System wie ein Kondensator mit entsprechend vergrößerter wirksamer Plattenfläche, und es ist

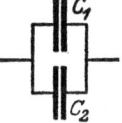

Abb. 10. Zwei Kondensatoren in Parallelschaltung.

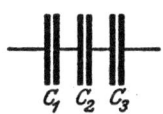

Abb. 11. Drei Kondensatoren in Reihe geschaltet.

Sie Gesamtkapazität gleich der Summe der Einzelkapazitäten. dind diese C_1, C_2, C_3, ..., C_n, so gilt für die Gesamtkapazität C
$$C = C_1 + C_2 + C_3 + \ldots + C_n. \quad \ldots \quad (13)$$
Unter Hintereinanderschaltung oder Reihenschaltung verstehen wir eine Schaltung, bei der ein Pol des ersten Kondensators mit einem Pol des zweiten, der noch freie Pol dieses mit einem Pol des dritten, der noch freie Pol des dritten mit einem Pol des vierten usw. verbunden ist. Wir verbinden den noch freien Pol

---

[1]) Abb. 8—11 sowie die Abb. 39, 57, 61, 62, 64, 65, 73, 78, 79, 80, 81, 83, 85, 86, 87 sind entnommen aus E. Nesper: Handbuch der drahtlosen Telegraphie und Telephonie 1921 bzw. Der Radioamateur „Broadcasting". Berlin: Julius Springer 1923.

des letzten Kondensators mit der Erde und laden der freien Belegung des ersten die Elektrizitätsmenge $+Q$ auf, dann bindet sie auf der zweiten Belegung $-Q$, dadurch wird infolge elektrischer Verteilung $+Q$ nach der mit ihr verbundenen Belegung des zweiten Kondensators getrieben usw. Bestehen zwischen den Platten jedes Kondensators bezüglich die Spannungen E_1, E_2, $E_3, \ldots, E_n$, so muß der Potentialunterschied zwischen den beiden Polen sein

$$E = E_1 + E_2 + E_3 + \ldots + E_n,$$

da zwei leitend verbundene Platten keinen Spannungsunterschied haben. Nun ist aber nach (8) S. 13 $E = \dfrac{Q}{C}$. Mithin erhalten wir also

$$\frac{Q}{C} = \frac{Q}{C_1} + \frac{Q}{C_2} + \frac{Q}{C_3} + \ldots + \frac{Q}{C_n}$$

$$\frac{1}{C} = \frac{1}{C_1} + \frac{1}{C_2} + \frac{1}{C_3} + \ldots + \frac{1}{C_n} \quad \ldots \quad (14)$$

Beispiel: Es stehen Blockkondensatoren von 500 cm, 1000 cm, 2000 cm Kapazität zur Verfügung. Welche Kapazitäten lassen sich damit zusammenstellen?

Lösung: 1. Parallelschaltung: 500 cm + 1000 cm = 1500 cm, 500 cm + 2000 cm = 2500 cm, 1000 cm + 2000 cm = 3000 cm, 500 cm + 1000 cm + 2000 cm = 3500 cm. 2. Hintereinanderschaltung: Nach Formel (14) erhält man $333^1/_3$ cm, 400 cm, $666^2/_3$ cm, $285^1/_3$ cm. 3. Außerdem sind noch 6 gemischte Schaltungen möglich, indem man zwei hintereinander, dazu den dritten parallel oder zwei parallel, dazu den dritten in Reihe schaltet.

Man sieht an diesem Beispiel, wieviel Kapazitäten sich aus einer verhältnismäßig geringen Anzahl von Kondensatoren zusammenstellen lassen.

Aus den Formeln (13) und (14) folgt unmittelbar, daß die durch Parallelschalten mehrerer Kondensatoren entstehende Kapazität größer ist als jede Einzelkapazität, während bei der Hintereinanderschaltung eine Kapazität entsteht, die kleiner ist als die kleinste der Einzelkapazitäten. Werden zwei gleich große Kapazitäten parallel geschaltet, so ist die entstehende Kapazität doppelt so groß wie jede einzelne, während bei Reihenschaltung die halbe Kapazität entsteht.

Auf die experimentelle Bestimmung der Kapazität ist auf S. 76 kurz hingewiesen. Näheres in dem Heft dieser Sammlung „Meßtechnik des Radio-Amateurs".

2. Vom elektrischen Strom.

Bisher standen die Gleichgewichtsverhältnisse der Elektrizität im Vordergrunde. Verbindet man nun zwei Leiter, zwischen denen ein Spannungsunterschied besteht, durch einen leitenden Draht, so tritt ein Ausgleich der Elektrizität ein. Der Spannungsunterschied verschwindet, weil die Elektronen von dem Leiter niederen Potentials durch den verbindenden Draht zum Leiter höheren Potentials sich bewegen[1]) und sich hier mit den positiven Ionen zu neutralen Molekülen vereinigen. Die Vorgänge verlaufen im ganzen für die Beobachtung viel zu schnell und sind viel komplizierter, als hier angegeben (vgl. die Ausführungen auf S. 78 usf.)

Wählt man aber zur Verbindung der beiden Konduktoren einen schlechten Leiter, etwa eine angefeuchtete Hanfschnur, und hält das Potential des einen dauernd auf derselben Höhe (etwa dadurch, daß wir ihn mit einer Elektrisiermaschine verbinden), während der andere geerdet wird, so strömen fortgesetzt Elektronen von dem Leiter niederen zu dem höheren Potentials. Man sagt dann, es fließt ein elektrischer Strom von dem Leiter höheren zu dem niederen Potentials und bezeichnet ersteren als positiven, letzteren als negativen Pol. Die hier angegebene Stromrichtung bedeutet eine willkürliche Festsetzung, die erfolgte, bevor man tiefer in das Wesen der Elektrizität eingedrungen war. Aus praktischen Gründen schließen wir uns dieser Festsetzung an und wollen, wenn wir die einzige stattfindende Bewegung der Elektronen vom negativen zum positiven Pol im Auge haben, vom Elektronenstrom sprechen.

Die Stärke des elektrischen Stromes wird durch das Verhältnis der in einer sehr kleinen (streng genommen unendlich kleinen) Zeit durch den Leiterquerschnitt fließenden Elektrizitätsmenge zu der dazu gebrauchten Zeit ausgedrückt. Bezeichnet man die unendlich kleine Zeit mit dt, die Elektrizitätsmenge mit dQ, so ist die Stromstärke durch den Bruch $\frac{dQ}{dt}$ bestimmt. Mißt man die Elektrizitätsmenge in Coulomb, die Zeit in Sekunden, so wird die Stromstärke in einer dadurch bestimmten Einheit gemessen, die man Ampere nennt. Es ist also

$$J = \frac{dQ}{dt} \text{ Ampere}. \qquad \ldots \ldots (15)$$

---

[1]) Die Elektronen bewegen sich dem Felde entgegen. Vgl. S. 3.

Wird nun der Spannungsunterschied der beiden Konduktoren auf derselben Höhe gehalten, so fließt in gleichen Zeiten stets die gleiche Elektrizitätsmenge durch den Leiterquerschnitt; die Stromstärke ist konstant. In diesem Falle können wir sagen, die **Stromstärke beträgt 1 Ampere, wenn in einer Sekunde die Elektrizitätsmenge 1 Coulomb durch den Querschnitt der leitenden Verbindung der Konduktoren fließt.** Ein Strom wie der hier zuletzt beschriebene heißt stationär (F. u. T. S. 7, 8).

Die durch die Reibung erzeugten Elektrizitätsmengen sind so gering, daß eine quantitative Messung der Stromstärke sehr schwierig ist. Wir werden im folgenden ausgiebigere Elektrizitätsquellen beschreiben. Schwache Ströme werden gewöhnlich aus **Elementen** entnommen.

Hier entsteht die Elektrizität auf Kosten der **chemischen Energie**. Taucht man z. B. eine Kupfer- und eine Zinkplatte in verdünnte Schwefelsäure, so zeigen die aus der Flüssigkeit hervorragenden Enden der Metalle einen Spannungsunterschied, der meßbar ist. Verbindet man nun die Enden der beiden Metalle, die **Pole**, durch einen Draht, so fließt ein dauernder Strom von dem einen zum andern, und zwar geht der elektrische Strom in unserem **Falle vom Kupfer zum Zink**. Es müssen daher auf der Zinkplatte Elektronen, auf der Kupferplatte positive Ionen vorhanden sein und immer wieder ergänzt werden. Diese Erscheinung erklärt die Elektrochemie durch besondere Annahmen über die Beschaffenheit der sogenannten Elektrolyte, d. h. der wässerigen Lösungen der Säuren, Basen und Salze, die ganz im Sinne unserer Ausführungen auf S. 5 sich bewegen, und durch das Bestreben vieler Metalle, in verdünnten Lösungen der Elektrolyte positive Metallionen in Lösung zu schicken und sich dadurch negativ elektrisch aufzuladen[1]).

Ein Element besonderer Art ist der **Bleiakkumulator**. Er unterscheidet sich besonders dadurch von den anderen Elementen, daß bei ihm der Prozeß, der zur Erzeugung der elektrischen Ener-

---

[1]) Danach ist in unserem Beispiel die verdünnte Schwefelsäure in positive Wasserstoffionen und negative Säurerestionen zum Teil zerfallen oder, wie die Chemie sagt, in H-Ionen und SO_4-Ionen; erstere sind die Kationen, haben also positive Ladung, letztere die Anionen. Zink sendet nun positive Zinkionen in Lösung und lädt sich dadurch negativ elektrisch auf, weil die Elektronen auf dem Metall zurückbleiben. In weit schwächerem Maße

Vom elektrischen Strom. 23

gie führt, rückgängig gemacht werden kann; man kann in ihm elektrische Energie in Form von chemischer Energie aufspeichern. Bei einem gebrauchsfertigen (geladenen) Akkumulator sind die positiven Platten mit Bleisuperoxyd (braun), die negativen mit Bleischwamm (grau) überzogen. Sobald man die Platten durch einen Draht verbindet, hat man ein galvanisches Element, in dem außen der Strom vom Bleisuperoxyd zum Blei, innen vom Blei durch die Schwefelsäure zum Bleisuperoxyd fließt. Dabei findet eine Umwandlung des Bleisuperoxyds sowohl als auch des Bleies in Bleisulfat statt. Diesen Umwandlungprozeß kann man dadurch rückgängig machen, daß man in umgekehrter Richtung einen elektrischen Strom aus einer fremden Stromquelle durch das Element schickt (Laden des Akkumulators), (Abb. 12)[1].

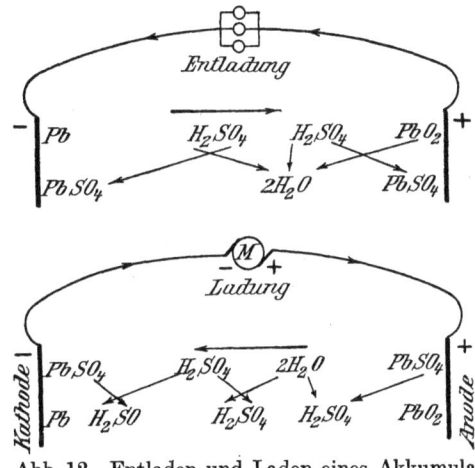

Abb. 12. Entladen und Laden eines Akkumulators (nach Benischke)[1].

Weitere Ausführungen über das Laden der Akkumulatoren findet der Leser auf S. 46.

Der zwischen den Polen des Elementes bestehende Span-

---

hat das Kupfer das Bestreben, Ionen in Lösung zu schicken. Dieses Lösungsbestreben kann aber gar nicht zur Auswirkung kommen, weil die Flüssigkeit vom Zink her mit positiven Ionen übersättigt ist und diese auszuscheiden sucht. Verbindet man die aus der Flüssigkeit hervorragenden Enden durch einen Draht, so findet eine Elektronenbewegung vom Zink zum Kupfer statt, während in der Flüssigkeit die positiven Ionen zum Kupfer getrieben werden. Hier scheidet sich also Wasserstoff ab, während an der Zinkplatte dauernd Zink in Lösung geht.

[1]) Die chemischen Vorgänge spielen sich nach folgenden Formeln ab:
Beim Entladen:
An der Anode: $PbO_2 + H_2 + H_2SO_4 = PbSO_4 + 2 H_2O$,
An der Kathode: $Pb + SO_4 = PbSO_4$.

nungsunterschied, der die Elektronen durch den Schließungsdraht treibt, wird wie in der Elektrostatik in Volt gemessen. Er ist nach der auf S. 12 gegebenen Definition **gleich der Arbeit in Joule, die die elektrischen Kräfte leisten müssen, um die Elektrizitätsmenge 1 Coulomb vom Leiter höheren zum Leiter niederen Potentials zu bringen**; werden aber Q Coulomb durch den Leiterquerschnitt bewegt, so ist die geleistete Arbeit Q mal so groß, so daß bei E Volt Spannung die Arbeit $Q \cdot E$ Joule ist. Die Anzahl der Coulomb, die in der Sekunde durch den Schließungsdraht fließt, ist nach S. 22 für stationäre Ströme die Stromstärke in Ampere. In t Sekunden werden $J \cdot t$ Coulomb bewegt, es ist also $Q = J \cdot t$, und wir erhalten für die von den elektrischen Kräften geleistete Arbeit den Ausdruck

$$A = E \cdot J \cdot t \text{ Joule} \quad \ldots \ldots \ldots (16)$$

Wir haben also die wichtige Beziehung: **Fließt zwischen zwei Polen der Spannungsdifferenz E Volt ein stationärer Strom der Stärke J Ampere, so wird in t Sekunden die Arbeit**

$$A = E \cdot J \cdot t \text{ Joule} \quad \ldots \ldots \ldots (16)$$

geleistet.

Die von den elektrischen Kräften geleistete Arbeit kommt in verschiedenen Formen zum Ausdruck; meistens geht sie in Wärme über und ist dann direkt meßbar. Auf der Erwärmung durch den elektrischen Strom beruhen z. B. die elektrischen Glühbirnen, in denen ein dünner Metalldraht, in älteren Fabrikaten auch ein Kohlefaden durch den Strom zum Glühen gebracht wird. Zwischen der Stromarbeit und der ihr gleichwertigen Wärmemenge besteht ein ganz bestimmtes Umwandlungsverhältnis. Als Einheit der Wärmemenge gilt diejenige, durch die ein Gramm Wasser bei 15⁰ Celsius um 1 Grad erwärmt wird; man nennt sie eine Kalorie (geschrieben cal). Immer nun, wenn sich mechanische Arbeit in Wärme umsetzt, gilt die Beziehung, daß

$$1 \text{ Joule} \sim 0{,}24 \text{ cal.}$$

Beim Laden:
An der Anode: $PbSO_4 + SO_4 + 2 H_2O = PbO_2 + 2 H_2SO_4$,
An der Kathode: $PbSO_4 + H_2 \qquad = Pb \quad + H_2SO_4$.

Diese Vorgänge sind in Abb. 12 erläutert. Die Pfeile geben die Richtung des Umwandlungsprozesses an.

Näheres in dem Bändchen dieser Sammlung „Stromquellen für den Röhrenempfang" von dem gleichen Verfasser.

Vom elektrischen Strom. 25

Mithin erhalten wir für die Stromwärme die Beziehung

$$U = 0{,}24\, E \cdot J \cdot t \text{ cal.} \qquad \ldots \ldots \ldots (16a)$$

Die Elemente liefern meistens weniger als 2 Volt Spannung; nur der Akkumulator hält ziemlich genau 2 Volt. Zur Erzielung höherer Spannungen muß man die Elemente hintereinander schalten. Das geschieht, wenn man den —-Pol des ersten mit dem +-Pol des zweiten, den —-Pol dieses mit dem +-Pol des dritten usw. verbindet, wie es Abb. 13 darstellt. So erhält man eine Batterie. Die Spannungen der einzelnen Elemente addieren sich hier; ist also E die Spannung einer einzelnen Zelle, so ist die Spannung der Batterie $E_1 = n \cdot E$, falls diese aus n gleichen Elementen besteht.

Beispiel: 3 Akkumulatorenzellen sind in Reihe geschaltet. Wie groß ist die Spannung der Batterie?
Antwort: 6 Volt.
Beispiel: Wieviel Akkumulatoren muß man hintereinander schalten, um eine Spannung von 90 Volt zu erhalten, wenn jede Zelle 2 Volt hat?
Antwort: 45.
Beispiel: Aus einer Akkumulatorenbatterie von 6 Volt Spannung wird ein Strom von 0,56 Ampere entnommen. Wie groß ist die Arbeit in einer Sekunde? Wie groß ist die in einer Minute erzeugte Wärmemenge?
Antwort: Es ist die Arbeit $A = 6 \cdot 0{,}56$ Joule $= 3{,}36$ Joule, die Wärmemenge beträgt $U = 0{,}24 \cdot 6 \cdot 0{,}56 \cdot 60$ cal. $= 48{,}4$ cal.

Die auf die Sekunde bezogene Arbeit ist die **Leistung**; sie wird in **Watt** angegeben. Es ist also

1 Watt = 1 Joule/1 Sek.

oder

1 Joule = 1 Watt · 1 Sek.
= 1 Wattsekunde[1]).

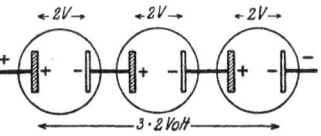

Abb. 13. 3 Elemente in Reihe geschaltet.

Ein Strom der Spannung E Volt und der Stromstärke J Ampere leistet daher $E \cdot J$ Watt; es ist also die Leistung

$$N = E \cdot J \text{ Watt} \qquad \ldots \ldots \ldots (16b)$$

1000 Watt bezeichnet man als 1 Kilowatt (F. u. T. S. 15 u. 16).

Beispiel: Eine Glühbirne verbraucht bei 220 Volt Spannung einen Strom von 0,2 Ampere. a) Wie groß ist die erzielte Leistung? b) Wieviel Kilowattstunden (Kwh) beträgt die Stromarbeit in 10 Stunden, und wie hoch belaufen sich die Unkosten, wenn die Kilowattstunde mit 0,45 Mark berechnet wird?

---

[1]) Eine Wattstunde sind demnach 3600 Joule, eine Kilowattstunde (Kwh) 3 600 000 Joule.

Antwort: Es ist die Leistung $N = 220 \cdot 0{,}2$ Watt $= 44$ Watt.
b) 10 Std. $= 10 \cdot 60 \cdot 60$ Sekunden $= 36000$ Sek. Die Arbeit in der Sekunde beträgt nach a) 44 Wattsekunden $= 44$ Joule, also ist
$$A = 44 \cdot 36000 \text{ Joule} = 1584000 \text{ Joule}.$$
Nach der Anmerkung sind das $\dfrac{1584000}{3600000} = 0{,}44$ Kilowattstunden, da 1 Joule $= \dfrac{1}{3600000}$ Kilowattstunde. Die Unkosten betragen $0{,}44 \cdot 0{,}45$ M. $= 0{,}20$ M.

3. Das magnetische Feld.

Die Lehre vom Magnetismus, worunter man ursprünglich die Fähigkeit gewisser Körper verstand, Eisenteile anzuziehen, entwickelte sich in ähnlicher Weise wie die Elektrostatik. Man entdeckte diese Kraft zuerst in einigen Eisenerzen und übertrug sie von diesen auf das Eisen selbst. Ein wesentlicher Unterschied zwischen den beiden Erscheinungsgebieten der Elektrizität und des Magnetismus ist der, daß es Körper gibt, die die Elektrizität leiten, während der Magnetismus immer an die Materie gebunden und nur mit dieser beweglich ist.

Den Raum, in dem magnetische Kräfte wirksam sind, nennen wir ein magnetisches Feld; es ist dadurch charakterisiert, daß es einen Magneten in bestimmter Weise zu richten sucht. In dem magnetischen Felde der Erde stellt ein frei beweglicher Magnet sich ungefähr in Nord-Süd-Richtung ein, weshalb man das nach Norden zeigende Ende Nordpol, das nach Süden zeigende Südpol nennt. Jeder Magnet hat Nord- und Südpol, und es ist eine allgemein bekannte Tatsache, daß die gleichnamigen Pole zweier Magnete sich abstoßen, während die ungleichnamigen sich anziehen. Die Pole sind demnach anscheinend Ausgangsstelle bestimmter Kraftwirkungen; um jeden Magneten befindet sich ein magnetisches Feld.

Es ist eine leicht zu beobachtende Tatsache, daß die magnetischen Kräfte eines Magnetstabes nach der Mitte zu abnehmen. Ja, ungefähr in der Mitte zwischen den beiden Polen befindet sich eine vollständig unmagnetische Stelle, die sogenannte Indifferenzstelle. Bricht man aber den Magneten etwa an der Indifferenzstelle durch, so erhält man wieder zwei vollständige Magnete. Die ursprünglichen Pole sind geblieben; aber an der Bruchstelle zeigt sich nun das Ende des Stückes, das den ur-

Das magnetische Feld. 27

sprünglichen Nordpol enthält, südmagnetisch, das andere Ende nordmagnetisch. Diese Beobachtung macht man immer, wenn man von einem Magneten Teile abtrennt. Man hat daraus wie in der Elektrostatik geschlossen, daß es zwei Arten von Magnetismus gibt, daß diese sich aber nicht frei bewegen können, sondern in den kleinsten Teilen der Materie, in den Molekülen, je in gleicher Menge getrennt vorhanden sind. Jedes Molekül ist selber ein kleiner Magnet mit Nordpol und Südpol. Bei einem unmagnetischen Stoff lagern die Moleküle in vollständiger Unordnung; die Magnetisierung eines solchen Körpers besteht in der Gleichrichtung der Molekularmagnetchen. Dabei heben sich dann die Wirkungen der einander zugekehrten entgegengesetzten Pole auf, und die magnetischen Kräfte scheinen von den Endflächen auszugehen (Abb. 14).

Um einen der Elektrizitätsmenge entsprechenden Begriff abzuleiten, schlagen wir einen ähnlichen Weg ein wie auf S. 6. Dabei operieren wir mit sehr langen Stabmagneten, so daß die Kraft des einen Poles in der Nähe des anderen schon unmerklich ist. Durch direkte Messungen stellte Coulomb fest, daß die Kraft, mit der die Pole zweier Magnete sich anziehen oder abstoßen, abnimmt im umgekehrten Verhältnis des Quadrats der Entfernung (d. h. also, in doppelter Entfernung ist die Kraft nur $1/4$, in dreifacher Entfernung $1/9$ ihres ursprünglichen Betrages). Die Kraft ist andererseits von der Beschaffenheit der Pole abhängig. Um hier die Abhängigkeit zahlenmäßig ausdrücken zu können, definieren wir die Einheit der Polstärke, die der Einheit der Elektrizitätsmenge entspricht.

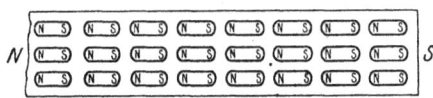

Abb. 14. Molekularmagnete.

Ein Magnetpol hat die Polstärke 1, wenn er einen gleichen in der Entfernung 1 cm mit der Kraft 1 Dyne abstößt (über die Dyne als Krafteinheit vgl. S. 6). Hat man so die Polstärke 1 festgelegt, so kann man weiter definieren: Ein Pol hat die Polstärke m, wenn er die Polstärke 1 in der Entfernung 1 cm mit der Kraft m Dynen abstößt. Hiernach läßt sich dem Gesetz von Coulomb eine genaue quantitative Form geben. Gegeben seien in r cm Entfernung voneinander die Polstärken m_1

und m_2. Die Polstärke m_1 wirkt auf die Polstärke 1 mit der Kraft m_1 Dynen, auf die Polstärke m_2 mit der m_2 mal so großen Kraft $m_1 \cdot m_2$ Dynen, in der Entfernung r cm ist die Kraft r^2 mal so klein, also

$$K = \frac{m_1 \cdot m_2}{r^2} \text{ Dynen}[1] \quad \ldots \ldots \quad (17)$$

Die Kraft, mit der ein Magnetpol der Polstärke m auf den Magnetpol der Polstärke 1 an irgendeinem Punkte des Raumes einwirkt, heißt die magnetische Feldstärke dieses Punktes. Die Feldstärke, der an jedem Punkte des Raumes eine bestimmte Größe und Richtung zukommt (Vektor), dient zur Charakterisierung des magnetischen Feldes. In unserem Beispiel beträgt in 1 cm Entfernung die Feldstärke m, bei 2 cm Entfernung $m/4$, bei r cm Entfernung m/r^2 Dynen.

Die von einem Magneten ausgehenden Kräfte haben in jedem Punkte des Raumes eine ganz bestimmte Richtung, die etwa als die Richtung, in der ein Nordpol von dem Nordpol unseres Magneten fortgetrieben wird, angegeben werden kann. Eine Kurve, die in jedem Punkte die Richtung der magnetischen Feldstärke angibt, heißt eine magnetische Kraftlinie. Die Kraftlinien treten aus dem einen Pol aus und in den anderen wieder ein; man ist aber übereingekommen, außerhalb des Magneten die Richtung vom Nordpol zum Südpol als positive Kraftlinienrichtung zu wählen.

Ähnlich wie in der Elektrostatik setzt man **die Zahl der Kraftlinien willkürlich so fest, daß durch 1 cm^2 einer Fläche senkrecht zur Kraftlinienrichtung gerade so viel Kraftlinien hindurchgehen, als die Feldstärke in dieser Entfernung beträgt.** Hat z. B. ein Magnetpol die Polstärke 100, so müssen in der Entfernung 2 cm $100/4 = 25$, in 10 cm Entfernung $100/10^2 = 1$ Kraftlinien durch 1 cm^2 hindurchgehen. Durch eine Fläche der Größe F gehen $F \cdot K$ Kraftlinien, wenn die Feldstärke K an allen Punkten der Fläche konstant ist. **Die Zahl der durch eine Fläche senkrecht hindurchgehenden Kraftlinien heißt Kraftfluß.** Von einem Pol der Polstärke m gehen

---

[1]) Gleichung (17) gilt streng genommen nur für Mittel mit der Permeabilität (S. 29) 1; für ein Mittel, dessen Permeabilität μ ist, muß sie heißen

$$K = \frac{1}{\mu} \cdot \frac{m_1 \cdot m_2}{r^2} \text{ Dynen} \quad \ldots \ldots \ldots \quad (17a)$$

Das magnetische Feld. 29

im ganzen $4\pi m$ Kraftlinien aus, was man genau so wie auf S. 9 beweist.

Man kann die Kraftlinien dadurch veranschaulichen, daß man einen kräftigen Magneten unter ein mit Eisenfeilicht bestreutes Kartenblatt bringt; die Eisenfeilspäne ordnen sich dann in Kurven an, die ein Bild der Kraftlinien geben (Abb. 15). Ein Feld mit

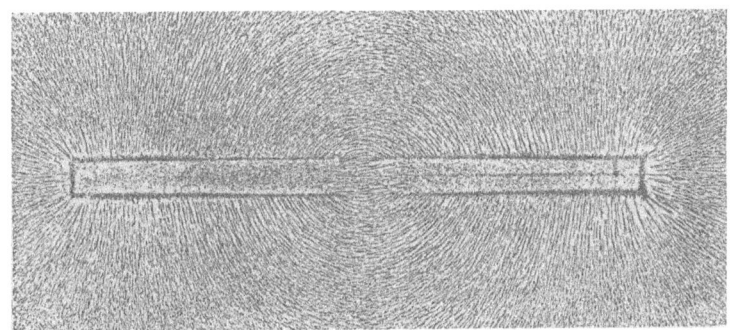

Abb. 15. Kraftfeld eines Stabmagneten (nach Benischke).

parallelen, überall gleich dichten Kraftlinien wird homogen genannt.

Bringt man in ein magnetisches Feld, etwa zwischen die Pole eines Hufeisenmagneten, ein Stück Eisen, so kann man beobachten, daß die Kraftlinien sich in dem Eisen zusammendrängen. Unter dem Einfluß des magnetischen Feldes ist das Eisenstück selbst ein Magnet geworden (magnetische Induktion), dessen Kraftlinien die des Feldes überlagern. Streng genommen müßte man diese neuen Kraftlinien als Induktionslinien von den Kraftlinien des Feldes unterscheiden; nichtsdestoweniger ist der allgemeine Sprachgebrauch der, daß man auch diese Induktionslinien einfach als Kraftlinien bezeichnet.

Ist die ursprünglich vorhandene das cm^2 durchsetzende Anzahl der Kraftlinien, also die Feldstärke $\mathfrak{H}$ und die Gesamtzahl der das cm^2 des neuen Stoffes senkrecht durchsetzenden Kraftlinien (Induktionslinien) $\mathfrak{B}$, so nennt man den Bruch $\dfrac{\mathfrak{B}}{\mathfrak{H}}$ die Permeabilität des Stoffes. Es gilt nach dieser Definition

$$\mu = \frac{\mathfrak{B}}{\mathfrak{H}} \quad \ldots \ldots \ldots \ldots (18)$$

30 Elektromagnetische Bestimmung der Spannung und Stromstärke.

Die Permeabilität ist eine Funktion der Feldstärke; für Eisen kann sie besonders hohe Werte annehmen. Sie ist für den Magnetismus, was die Dielektrizitätskonstante für die elektrischen Kräfte ist. Streng genommen müßte die Permeabilität in allen Feldgleichungen enthalten sein; da aber die vorstehenden Sätze nur für Luft gelten sollen, deren Permeabilität fast genau 1 ist, brauchte sie nicht berücksichtigt zu werden. (Vgl. die Anm. auf S. 28.)

Abb. 16 zeigt, in welcher Weise bei Gußeisen und Schmiedeeisen die Induktion $\mathfrak{B}$ von der Feldstärke $\mathfrak{H}$ abhängig ist. Bei

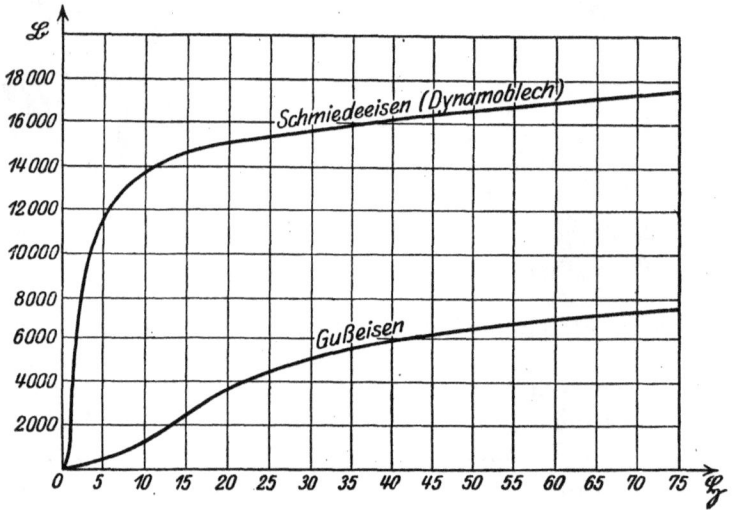

Abb. 16. $\mathfrak{B}$ als Funktion von $\mathfrak{H}$ für Gußeisen und Dynamoblech.
μ kann hiernach leicht berechnet werden (Formel 18).

Schmiedeeisen z. B. steigt die Induktion, wenn die Feldstärke einen bestimmten Wert (etwa 2) erreicht hat, außerordentlich stark an, so daß bei $\mathfrak{H} = 5$ $\mathfrak{B}$ etwa 11500 ist, was eine Permeabilität $\mu = \dfrac{11\,500}{5} = 2300$ bedeutet. Bei größeren Werten von $\mathfrak{H}$ steigt $\mathfrak{B}$ nicht mehr nennenswert an (Sättigung). (F. u. T. S. 16—18.)

4. Elektromagnetische Bestimmung der Spannung und Stromstärke.

Die weitgehende Übereinstimmung der Theorie des magnetischen Feldes mit der des elektrischen Feldes läßt auf eine innige

Elektromagnetische Bestimmung der Spannung und Stromstärke.

Beziehung zwischen den beiden Feldern schließen. Wir werden später sehen, daß diese Beziehung die wichtigste Grundlage der Funktechnik ist.

Bewegt man einen Leiter, etwa einen Kupferdraht, so durch ein Magnetfeld, daß er Kraftlinien schneidet, so wird in ihm eine elektromotorische Kraft oder eine Spannungsdifferenz hervorgerufen oder induziert. Immer wenn Kraftlinien geschnitten werden, werden die in dem Leiter stets vorhandenen freien Elektronen (S. 5) nach einer bestimmten Richtung gedrängt, so daß das eine Ende des Drahtes von Elektronen entblößt ist; zwischen den beiden Enden des Drahtes besteht also ein Spannungsunterschied, der der Zahl der in der Zeiteinheit geschnittenen Kraftlinien proportional ist; man kann also diese als ein Maß für die Spannung benutzen und festsetzen, daß in dem Leiter die Einheit der Spannung erzeugt wird, wenn in der Sekunde eine Kraftlinie geschnitten wird. Die so definierte Einheit ist im Gegensatz zu der auf S. 12 erhaltenen eine absolute elektromagnetische. Die Spannung ist dann gleich der Zahl der in der Zeiteinheit geschnittenen Kraftlinien. Ist das vorliegende Magnetfeld nicht homogen, d. h. sind in ihm die Kraftlinien nicht überall gleich dicht und parallel, so wird sich die Spannung beständig ändern. Werden in der sehr kleinen Zeit dt von dem Leiter $d\Phi$ Kraftlinien geschnitten, dann kommen auf die Zeiteinheit $\dfrac{d\Phi}{dt}$ Kraftlinien, die Spannung e ist dann

$$e = \frac{d\Phi}{dt} \text{ elektromagnetische Spannungseinheiten.}$$

Das S. 12 definierte Volt ist 10^8 mal so groß.

Danach ist die Spannung in Volt

$$E = \frac{d\Phi}{dt} \cdot 10^{-8} \text{ Volt} \quad \ldots \ldots \ldots (19)$$

Beispiel: Das homogene Feld habe die Feldstärke 100 und erstrecke sich über eine Fläche von $5 \cdot 5$ cm². Der Draht, der senkrecht zu den Kraftlinien bewegt wird, habe die Geschwindigkeit 200 cm/sec. Wie groß ist die Spannung?

Antwort: Es ist $E = \dfrac{25 \cdot 100 \cdot 200}{5} \cdot 10^{-8} \text{ Volt} = 0\,001 \text{ Volt}.$

Die Spannung von 1 Millivolt ist sehr wohl meßbar, man kann den Effekt aber steigern, indem man den Draht aufwickelt, so daß jede

Schleife der Wickelung von Kraftlinien geschnitten wird. Die in jeder Windung erzeugten elektromotorischen Kräfte addieren sich dann.

Beispiel: Wie groß würde in dem letzten Beispiel die Spannung sein, wenn 100 Windungen in gleichem Sinne von den Kraftlinien gleichzeitig geschnitten werden?
Antwort: 0,1 Volt.

Verbindet man die Enden des Kupferdrahtes leitend miteinander, so gleichen sich die Spannungen wie auf S. 22 aus; es fließt ein elektrischer Strom. Die Richtung des elektrischen Stroms, also auch die Richtung der Spannung, läßt sich am besten durch die sogenannte Dreifingerregel der rechten Hand bestimmen. Man stelle (Abb. 17) die drei ersten Finger der rechten Hand so, daß sie ungezwungen drei rechte Winkel miteinander bilden, drehe dann die Hand so, daß der Daumen in Richtung der Bewegung, der Zeigefinger in Richtung der magnetischen Kraftlinien zeigt, dann gibt der Mittelfinger die Richtung des Stromes bzw. der Spannung an. Die Reihenfolge der drei Größen ist leicht zu merken, da sie alphabetisch geordnet sind:

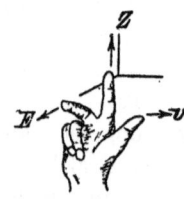

Abb. 17. Dreifingerregel der rechten Hand (nach Benischke).

1. Finger: Richtung der Bewegung des Leiters,
2. „   Richtung der Kraftlinien,
3. „   Richtung des Stromes.

Das Induktionsgesetz und die Dreifingerregel gelten auch für den Fall, daß der Leiter ruht und das Magnetfeld sich bewegt, und auch dann, wenn beide sich bewegen, falls nur Kraftlinien geschnitten werden. Es kommt nur auf die Relativbewegung des Leiters gegenüber den Kraftlinien an.

Dieser Fall läßt einige wichtige Umkehrungen und Ergänzungen zu. Die französischen Physiker Biot und Savart stellten fest, daß der in einem geraden Draht fließende elektrische Strom einen Magnetpol um sich herum zu führen bestrebt ist, und zwar wird ein Nordpol nach der Flemmingschen Rechte-Hand-Regel bewegt, die besagt: Zeigt der Daumen die Richtung des Stromes an, so geben die Finger der geschlossenen

Elektromagnetische Bestimmung der Spannung und Stromstärke. 33

rechten Hand die Richtung der Bewegung des Nordpols, d. h. nach S. 28 die Richtung der magnetischen Kraftlinien an. (Man kann auch hier wie auf S. 29 die Kraftlinien sehr schön sichtbar machen, wenn man den Strom senkrecht durch ein wagerecht gehaltenes, mit Eisenfeilicht bestreutes Kartenblatt hindurchführt; die Eisenfeilspäne ordnen sich dann in Kreisen um den Draht an, wie es Abb. 18 zeigt.)

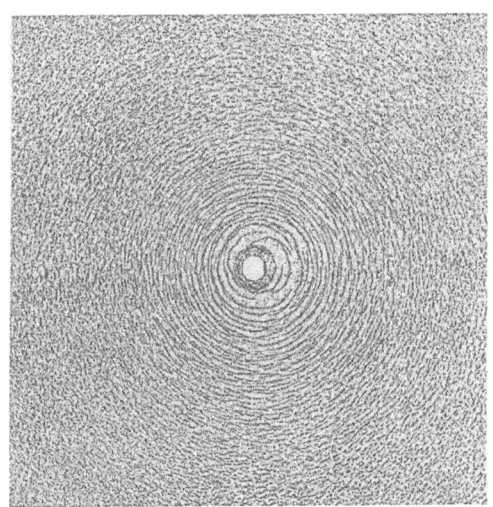

Abb. 18. Magnetfeld eines stromführenden linearen Drahtes (nach Benischke).

Das hier entstandene Magnetfeld unterliegt im Prinzip derselben Gesetzmäßigkeit wie das von einem Magneten herrührende. Für ein sehr kurzes Leiterstück nimmt es bei zunehmender Entfernung wie das Quadrat der Entfernung ab (S. 27). Ferner läßt sich zeigen, daß es der Anzahl der in der Zeiteinheit durch den Querschnitt des Drahtes fließenden Elektronen, also der Stromstärke proportional ist. Hiernach kann man von der magnetischen Feldstärke auf die Stromstärke zurückschließen. Ein sehr kleines Leiterstück der Länge ds, das von einem in einem beliebigen Maß gemessenen Strom der Stärke i durchflossen wird, erzeugt in einem Punkte, der r cm senkrecht von ds entfernt ist, ein Magnetfeld, dessen Feldstärke dem Ausdruck $\dfrac{i \cdot ds}{r^2}$ proportional ist.

34 Elektromagnetische Bestimmung der Spannung und Stromstärke.

Wir wählen nun das Maß für die Stromstärke i so, daß die Feldstärke $d\mathfrak{H}$ gleich wird[1])

$$d\mathfrak{H} = \frac{i \cdot ds}{r^2} \text{ Dynen} \quad \ldots \ldots \quad (20)$$

Wir denken uns nun den Draht nach Art der Abb. 19 zu einem Kreise gebogen und wollen die Feldstärke im Mittelpunkt M berechnen. In diesem Falle gehen alle Kraftlinien in gleichem Sinne durch das Innere der umschlossenen Fläche hindurch. Das Leiterelement ds erzeugt nach (20) in M ein Feld der Feldstärke

$$d\mathfrak{H} = \frac{i \cdot ds}{r^2}.$$

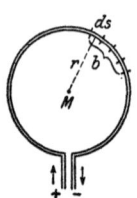

Abb. 19. Magnetfeld eines Stromkreises im Kreismittelpunkt.

Der Bogen b setzt sich aus sehr vielen solcher ds zusammen. Die durch ein solches Bogenstück erzeugte Feldstärke ist daher

$$\mathfrak{H} = \frac{i \cdot b}{r^2}. \quad \ldots \ldots \quad (21)$$

Setzt man $\mathfrak{H} = 1$, $b = 1$, $r = 1$, so wird hiernach auch $i = 1$. **Das ist die absolute elektromagnetische Einheit der Stromstärke oder das Weber. Ein Strom hat also im absoluten elektromagnetischen Maßsystem die Stärke 1, wenn er, in einem leitenden Bogenstück der Länge 1 cm vom Radius 1 cm fließend, im Kreismittelpunkt die Feldstärke 1 erzeugt.** Die Feldstärke im Mittelpunkt des Kreises ist, wenn b den ganzen Kreis bedeutet, $\frac{2\pi i}{r}$. Ein Weber ist 10 mal so groß wie das auf S. 22 definierte Ampere.

Es gibt also zwei völlig verschiedene Wege, zu absoluten Einheiten zu gelangen; man kann sowohl vom elektrischen als auch vom magnetischen Felde ausgehen. Interessant ist, daß zwischen den so gewonnenen Einheiten ein ganz bestimmtes Verhältnis besteht. Es ist nämlich die absolute elektrostatische Einheit der Spannung $3 \cdot 10^{10}$ mal so groß wie die absolute elektromagnetische Einheit, während umgekehrt bei der Stromstärke

---

[1]) Bildet die Richtung nach dem Magnetpol mit ds den Winkel φ, so ist der Ausdruck noch mit $\sin \varphi$ zu multiplizieren; in diesem Falle nimmt Formel (20) die Gestalt an

$$d\mathfrak{H} = \frac{i \cdot ds}{r^2} \sin \varphi \text{ Dynen.}$$

die elektrostatische Einheit $3\cdot 10^{10}$ mal so klein ist wie die elektromagnetische (F. u. T. S. 18 u. 19).

Auch den Magnetismus eines Magneten führt man wohl auf Elektronenbewegung zurück. Da sich nämlich die Elektronen kreisförmig um die Kerne bewegen (S. 4), muß jedes Molekül dadurch einen Nordpol und einen Südpol bekommen, deren Verbindungslinie senkrecht zu der Kreisebene steht, in der die Elektronen sich bewegen (Molekularströme).

Wie ein Strom auf einen Magnetpol eine Kraft ausübt, so auch umgekehrt ein Magnetpol auf einen stromführenden Draht (Gleichheit von Wirkung und Gegenwirkung). Bringen wir z. B. zwischen die Pole eines kräftigen Hufeisenmagneten einen Draht, so daß er senkrecht zur Kraftlinienrichtung steht, und schicken einen Strom hindurch, so wird der Draht senkrecht zur Kraftlinienrichtung und zu seiner eigenen Richtung aus dem Magnetfelde herausgeworfen. Auf ihn wirkt somit eine Kraft ein, die senkrecht zur Stromrichtung und zur Richtung des Feldes steht.

Wir können das Ergebnis zusammenfassen zu der **Dreifingerregel der linken Hand: Man stelle die drei ersten Finger der linken Hand so, daß sie ungezwungen drei rechte Winkel miteinander bilden, drehe dann die Hand so, daß der Zeigefinger in Richtung der Kraftlinien, der Mittelfinger in Richtung des Stromes zeigt, dann gibt der Daumen die Richtung der Bewegung an.** (Man vgl. diese Regel mit der auf S. 32 gefundenen Dreifingerregel der rechten Hand.)

Die letzte Regel bestätigt das Energiegesetz in der Elektrizitätslehre. Auf S. 31 sahen wir, daß in einem Leiter, der durch ein Magnetfeld bewegt wird, eine Spannung induziert wird, und daß diese Spannung einen Strom zur Folge hat, wenn man die Leiterenden durch einen Draht verbindet. Wendet man auf den so erzeugten Strom die soeben abgeleitete Regel an, so findet man, daß der Leiter einen Bewegungsantrieb erhält, der der Bewegung, die wir ihm erteilen, gerade entgegen wirkt. Der Leiter setzt also, sobald er Strom führt, der Bewegung einen Widerstand entgegen; **der Strom entsteht auf Kosten der Arbeit, die wir bei der Bewegung des Leiters leisten** (F. u. T. S. 19 bis 21).

Nach Kapitel 3 läßt sich die magnetische Wirkung des elek-

36 Elektromagnetische Bestimmung der Spannung und Stromstärke.

trischen Stromes dadurch bedeutend verstärken, daß man ihn um einen Eisenkern herumführt. So entsteht der **Elektromagnet**, der im wesentlichen eine Drahtspule mit einem Eisenkern darstellt.

Die Meßinstrumente für die Stromstärke heißen **Amperemeter**. Ihre Konstruktion ist nach dem Vorhergehenden leicht verständlich. Die **Weicheiseninstrumente** beruhen auf den magnetischen Wirkungen des elektrischen Stromes. In einer Drahtspule, die von dem zu messenden Strom durchflossen wird, befinden sich ein beweglicher und ein fester Eisenkern, die durch den elektrischen Strom in gleichem Sinne magnetisch werden und sich infolgedessen stets abstoßen. Es verdient noch hervorgehoben

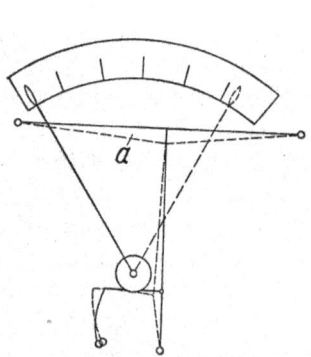

Abb. 20. Innere Einrichtung des Hitzdrahtinstruments. (Hartmann & Braun, Frankfurt a. M.)

Abb. 21. Hitzdrahtamperemeter der Firma Hartmann & Braun, A.-G. Frankfurt a. M. (Der den Hitzdraht spannende Draht und die Feder sind sichtbar.)

zu werden, daß die Stromrichtung für die Richtung des Ausschlags keine Rolle spielt (vgl. S. 72). Die **Hitzdrahtinstrumente** (Abb. 20 und 21) beruhen auf der Wärmewirkung des elektrischen Stromes. Ein etwa 10 cm langer und 0,05 mm dicker Platiniridiumdraht a ist zwischen den beiden Polklemmen ausgespannt. Fließt durch ihn ein Strom, so verlängert er sich. In der Mitte zweigt ein dünner Messingdraht ab. An diesem ist ein horizontaler Kokonfaden befestigt, der um eine Rolle geschlungen und dann zu einer Blattfeder geführt ist, die das ganze Drahtsystem spannt. Biegt sich nun infolge der Stromwärme der Platiniridiumdraht durch, so kann die Feder den Kokonfaden

Elektromagnetische Bestimmung der Spannung und Stromstärke. 37

nach links ziehen und damit die Rolle drehen. Mit der Achse der Rolle ist ein Zeiger verbunden, der sich über eine Skala bewegt. Auch bei diesem Instrument spielt die Stromrichtung keine Rolle.

Von der Bewegung eines stromführenden Leiters im Magnetfelde ist bei den Drehspuleninstrumenten Gebrauch gemacht (Abb. 22). Ein mit sehr dünnem, isoliertem Kupferdraht bewickelter Metallrahmen S, die Drehspule, ist leicht drehbar in einem von einem starken Hufeisenmagneten M erzeugten magnetischen Felde angebracht. Durch zwei Spiralfedern, durch die auch der Strom zugeführt wird, wird der Rahmen in einer bestimmten Lage gehalten. Fließt nun ein elektrischer Strom durch die „Drehspule", so wird dadurch nach S. 35 ein Drehmoment erzeugt, das der Stromstärke proportional ist.

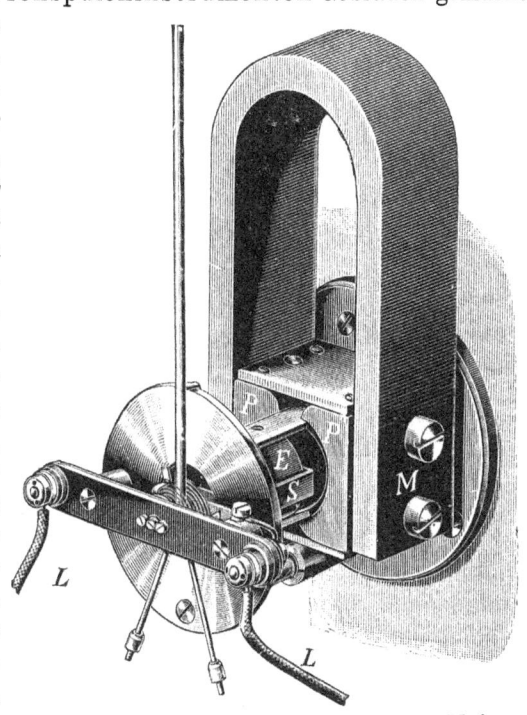

Abb. 22. Drehspuleninstrument der Firma Meiser & Mertig, Dresden. (Der Eisenkern E ist aus der zylindrischen Ausbohrung der Polschuhe P herausgezogen, so daß die Drehspule S sichtbar wird.)

Ein mit dem Rahmen fest verbundener Zeiger erfährt also eine Ablenkung, die der Stromstärke proportional ist. Der Stromdurchgang muß in einer bestimmten Richtung erfolgen im Gegensatz zu den beiden vorigen Instrumenten.

Für die Zwecke der Funkentelegraphie werden hauptsächlich das Hitzdraht- und das Drehspuleninstrument verwandt, letzteres besonders bei sehr schwachen Strömen. Gestatten die Instrumente noch die Ablesung von 0,001 Ampere, so heißen sie Milliamperemeter. Auf S. 42 wird ausgeführt, wie man die hier beschriebenen Instrumente auch zur Messung der Spannung benutzen kann.

5. Das Ohmsche Gesetz.

Die in den vorigen Kapiteln betrachteten Größen Spannung und Stromstärke sind, wie Ohm gefunden hat, bei demselben Leiter einander stets proportional. Wie soll es auch anders sein? Ist doch die Spannung die Ursache des Stromes. Verbindet man die beiden Pole einer Elektrizitätsquelle durch eine Drahtspule, so ist die Zahl der Stromstärkeeinheiten stets ein ganz bestimmter Bruchteil der Spannungseinheiten, und dieser Bruchteil bleibt immer derselbe, wie man auch die Spannung der Elektrizitätsquelle ändert, wenn man nur die Drahtspule beibehält und ihre Temperatur (s. Wärmewirkung des elektrischen Stromes) konstant hält. Es gilt also für einen und denselben Leiter

$$\frac{\text{Zahl der Spannungseinheiten}}{\text{Zahl der Stromstärkeeinheiten}} = W = \text{konstant}$$

oder $\quad \dfrac{E}{J} = W, \quad E = J \cdot W, \quad \dfrac{E}{W} = J, \quad \ldots \quad (22)$

wo E die Zahl der Volt, J die Anzahl der Ampere bedeutet. Der Proportionalitätsfaktor W, der angibt, wieviel mal so groß die Zahl der Spannungseinheiten ist als die der Stromstärkeeinheiten, heißt der Widerstand des Leiters. Für jeden Leiter gibt es also eine ganz bestimmte Zahlenkonstante, seinen Widerstand. Gleichung (22) heißt das Ohmsche Gesetz.

Man hat die Widerstandseinheit so bestimmt, daß der Leiter den Widerstand 1 hat, in dem ein Strom von 1 Ampere entsteht, wenn die angelegte Spannung 1 Volt beträgt. Dieser Widerstand heißt 1 Ohm (1 Ω). Es ist demnach $1\,\Omega = \dfrac{1\text{ Volt}}{1\text{ Ampere}}$. Eine Quecksilbersäule von 1 mm² Querschnitt und 1,063 m Länge hat diesen Widerstand bei 0° C.

Beispiel: Welchen Widerstand hat eine Glühlampe, wenn bei 220 Volt Spannung der hindurchfließende Strom die Stärke 0,15 Ampere hat?
Antwort: $220/0,15 = 1466^2/_3$ Ohm.

Das Ohmsche Gesetz.

In den meisten Fällen ist die Spannung konstant; dann ist die Stromstärke eine Funktion des Widerstandes in der Art, daß bei einem Anwachsen des Widerstandes die Stromstärke abnimmt, während sie im umgekehrten Falle wächst. Bei sehr kleinen Widerständen kann die Stromstärke dabei so hohe Werte annehmen, daß sie wegen der eintretenden Erwärmung zu einer Gefährdung der Leitung führt. Diesen Fall bezeichnet man wohl als Kurzschluß. Abb. 23 zeigt die Abhängigkeit der Stromstärke vom Widerstand. Die Kurve ist ein Teil einer Hyperbel; für $W = 0$ würde $J = \infty$ werden, ein Fall, der praktisch natürlich nicht zu verwirklichen ist.

Durch Versuche läßt sich nachweisen, daß der Widerstand eines Drahtes mit der Länge zunimmt und mit zunehmendem Querschnitt abnimmt. Nimmt man also einen n mal so langen Draht, so wird der Widerstand bei gleich bleibendem Querschnitt n mal so groß, andererseits wird der Widerstand n mal so klein, wenn der Querschnitt bei gleichbleibender Länge n mal so groß wird. Um zu einer bestimmten Formel zu gelangen, bezeichnen wir den Widerstand eines Drahtes aus einem bestimmten Stoff von 1 m Länge und 1 mm² Querschnitt mit ϱ und nennen diese Größe den spezifischen Widerstand dieses Materials. Der Draht von 1 m Länge und 1 mm² Querschnitt hat also den Widerstand ϱ Ohm. Wird die Länge l mal so groß, also l m, so wird der Widerstand

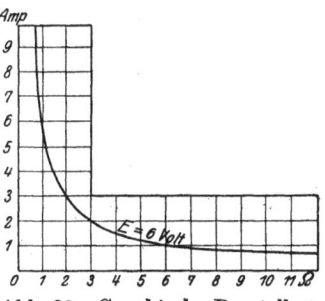

Abb. 23. Graphische Darstellung des Ohmschen Gesetzes.

$\varrho \cdot l$ Ohm, mithin hat der Draht von l m Länge und q mm² Querschnitt den Widerstand:

$$W = \varrho \cdot \frac{l}{q} \text{ Ohm} \quad \ldots \ldots \ldots (23)$$

Mit Hilfe der Gleichung (23) kann man den Widerstand eines Leiters leicht berechnen, was bei der Selbstherstellung von Spulen für den Radioamateur von großer Bedeutung ist. Die Konstante ϱ muß aus einer Tabelle entnommen werden. Für die wichtigsten der vorkommenden Materialien ist ϱ hier angegeben:

Aluminium	0,029	Konstantan	0,48
Kupfer	0,015	Manganin	0,42
Platin	0,115	Nickelin	0,42
Silber	0,015	Kohle	50[1])

(F. u. T. Tab. 5 S. 11). Der umgekehrte Wert von ϱ, also der Wert $\frac{1}{\varrho}$ heißt spezifische Leitfähigkeit oder spezifischer Leitwert. Der Querschnitt q wird berechnet, nachdem der Durchmesser d mit dem Schraubenmikrometer gemessen ist, nach der Formel $q = \frac{d^2 \pi}{4}$ (F. u. T. S. 9—16).

Beispiel: Wie groß ist der Widerstand einer Spule, die mit 1000 m Kupferdraht vom Durchmesser 0,4 mm bewickelt ist?

Antwort: Es ist $W = \frac{\varrho \cdot l}{q} \Omega = \frac{0,015 \cdot 1000 \cdot 4}{0,4 \cdot 0,4 \pi} \Omega = 119 \, \Omega$.

Beispiel: Es soll aus Nickelindraht von 0,1 mm Durchmesser ein Widerstand von 10000 Ω gewickelt werden. Wieviel Meter sind zu nehmen?

Antwort: Nach (23) ist

$$10000 = \frac{\varrho \cdot l}{q} = \frac{0,42 \cdot l \cdot 4}{0,1 \cdot 0,1 \cdot \pi} = 53,5; \quad l = \frac{10000}{53,5} = 187 \text{ m}.$$

Die Formel (23) gilt nur, solange die Temperatur des Widerstandes konstant bleibt. Für die meisten Leiter nimmt der Widerstand bei steigender Temperatur zu.

In der Funkentelegraphie sind besonders regulierbare Widerstände von Bedeutung. Die Vergrößerung oder Verminderung des Widerstandes wird durch Zu- und Abschalten von Windungen

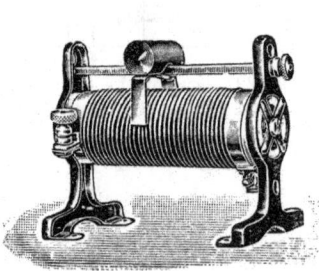
Abb. 24. Schiebewiderstand.

Abb. 25. Drehwiderstand.

durch einen Schleifkontakt bewirkt. Auf diesem Prinzip beruhen die Schiebe- und Drehwiderstände, von denen die Abb. 24 und 25 je ein Beispiel geben. Für Meßzwecke sind Normalwiderstände

---

[1]) Bei 0º Celsius.

Das Ohmsche Gesetz. 41

in Form der Stöpselrheostaten im Gebrauch. Auch sehr hohe Widerstände von 100000 bis 10000000 Ohm werden viel gebraucht; man verwendet als solche Silitstäbchen (aus Siliciumkarbid hergestellt) von etwa 6 mm Durchmesser und 43 mm Länge. Auch Bleistiftstriche auf Hartgummi oder Mattglas geben hohe Widerstände (mehrere Millionen Ohm).

Die genaue Bestimmung eines Widerstandes geschieht durch direkte Messung, etwa mit der Brücke von Wheatstone. Auf einem mit Zentimetereinteilung versehenen Brett ist ein Draht AB von verhältnismäßig großem Widerstand (Nickelindraht) von etwa 1 m Länge ausgespannt. Parallel zu ihm liegen hintereinander geschaltet ein bekannter Widerstand W (Stöpselrheostat), der etwa zwischen A und C einzuschalten ist, und der unbekannte Widerstand x, der dann zwischen B und C zu legen ist (Abb. 26). Bei A und B verzweigt sich der von Q gelieferte Strom, indem ein Teil durch die Widerstände W und x, ein Teil durch den Meßdraht AB fließt. Für beide Stromkreise besteht nun zwischen A und B der gleiche Spannungsunterschied E, längs beider Leitungen fällt die Spannung ab. Die Brückenmethode beruht nun darauf, zu dem Punkt C, der zwischen W und x liegt, auf dem Meßdraht einen Punkt zu bestimmen, der gegen ihn keinen Spannungs-

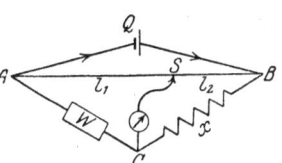

Abb. 26. Schematische Darstellung der Wheatstoneschen Brücke.

unterschied hat. Dieser Punkt kann durch einen Schleifkontakt, der über ein empfindliches Strommeßinstrument (Galvanometer) mit C leitend verbunden ist, festgestellt werden. Ist etwa S dieser Punkt, so muß der Spannungsunterschied zwischen S und B gleich dem Spannungsunterschied von C und B sein. Da nun die Spannung proportional zum Ohmschen Widerstand abfällt, haben die Punkte S und C gleichen Potentialunterschied zu B (oder auch zu A), wenn sich verhält

$$l_1 : l_2 = W : x,$$

wo $l_1 = AS$, $l_2 = SB$. Die technische Ausführung einer solchen Brücke läßt Abb. 56 auf S. 77 erkennen.

Beispiel: Wie groß ist der Widerstand x, wenn $l_1 = 40$ cm, $l_2 = 60$ cm und $W = 0,45\ \Omega$?

Antwort: Es verhält sich $40 : 60 = 0,45 : x = 0,678\ \Omega$.

Sehr oft handelt es sich darum, aus mehreren Widerständen einen Gesamtwiderstand zusammenzusetzen. Es seien die Einzelwiderstände W_1, W_2, ..., W_n gegeben. Dann gilt bei Hintereinanderschaltung

$$W = W_1 + W_2 + W_3 + \ldots + W_n, \quad \ldots \quad (24)$$

bei Parallelschaltung

$$\frac{1}{W} = \frac{1}{W_1} + \frac{1}{W_2} + \frac{1}{W_3} + \ldots + \frac{1}{W_n}. \quad \ldots \quad (25)$$

Die erste Formel ist selbstverständlich. Wir wollen die zweite für 3 Einzelwiderstände W_1, W_2, W_3 begründen (Abb. 27). Zwischen A und B besteht für die drei Widerstände der gleiche Spannungsunterschied E. Sind J_1, J_2, J_3 die Stromstärken in den einzelnen Widerständen, so ist

$$J = J_1 + J_2 + J_3 = \frac{E}{W_1} + \frac{E}{W_2} + \frac{E}{W_3} = \frac{E}{W},$$

daher
$$\frac{1}{W} = \frac{1}{W_1} + \frac{1}{W_2} + \frac{1}{W_3}.$$

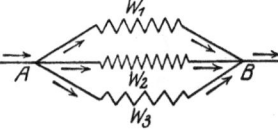

Abb. 27. Drei Widerstände in Parallelschaltung.

Beispiel: Welche Widerstände kann man durch Zusammenschalten zweier Widerstände von 10 und 15 Ohm herstellen?

Antwort: Es sind die Widerstände möglich $W_1 = 10 + 15$ Ohm $= 25$ Ohm und $W_2 = 6$ Ohm, da

$$\frac{1}{6} = \frac{1}{10} + \frac{1}{15}.$$

Da man aus zweien der drei Größen Spannung, Stromstärke und Widerstand die dritte berechnen kann, kann man im Prinzip jedes Amperemeter als Spannungsmesser oder Voltmeter benutzen, wenn man einen entsprechenden Widerstand vorschaltet. Ein Beispiel mag das erläutern. Ein Milliamperemeter, das 0 bis 25 Milliampere abzulesen gestattet, soll als Voltmeter eingerichtet werden. Schaltet man einen Widerstand vor das Instrument, der mit dem Eigenwiderstand 1000 Ohm beträgt, so ist nach (22) die Spannung das 1000 fache der angezeigten Stromstärke, also jedes Milliampere 1 Volt. Das Meßinstrument gestattet dann Spannungen von 0 bis 25 Volt zu messen. Wählt man 10000 Ohm als Widerstand, so erweitert sich der Meßbereich auf 0 bis 250 Volt, indem nun 1 Milliampere 10 Volt entsprechen. Es lassen sich alle auf S. 36 bis 38 angeführten Strommesser als Spannungsmesser schalten, wenn sie nur hinreichend empfindlich sind (Abb. 28).

Das Ohmsche Gesetz. 43

Merke: Das Voltmeter liegt stets im Nebenschluß der Leitung, während das Amperemeter in den Hauptstromkreis zu legen ist (Abb. 29).

Es läßt sich auch jedes Voltmeter, dessen innerer Widerstand bekannt ist, als Widerstandsmesser oder Ohmmeter benutzen. Will man einen unbekannten Widerstand x ermitteln, so schaltet man ihn vor ein Voltmeter. Das Voltmeter zeige vorher die Spannung E, nachher die Spannung E_1 an. Ist der Widerstand des Instruments (innerer Widerstand) W, so erhält man durch die wirklich vorhandene Spannung E bei dem Widerstand W des Instruments den Strom von $\dfrac{E}{W}$ Ampere, bei einem Widerstand $W + x$ einen solchen von $\dfrac{E}{W+x}$ Ampere. Die am Instrument abgelesenen Spannungswerte verhalten sich aber wie die hindurchfließenden Ströme, also:

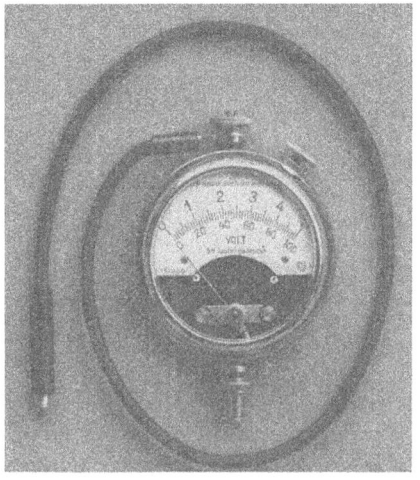

Abb. 28.
Voltmeter. (Hartmann & Braun A.-G.)

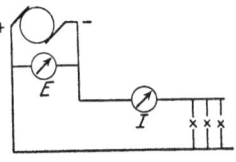

Abb. 29. Schaltungsbild für Strom- und Spannungsmesser.

$$E : E_1 = \frac{E}{W} : \frac{E}{W+x} = \frac{1}{W} : \frac{1}{W+x} = (W+x) : W$$

oder $\quad E_1 (W + x) = EW; \quad x = \dfrac{W(E - E_1)}{E_1}.$

Beispiel: Der Widerstand eines Voltmeters betrage 10000 Ohm, die abgelesene Spannung vor dem Zuschalten des zu messenden Widerstandes x 220 Volt, nach dem Zuschalten 20 Volt. Wie groß ist der Widerstand?

Lösung: $x = \dfrac{10000 \, (220 - 20)}{20} = 100000$ Ohm.

Beispiel: Ein Voltmeter, dessen Meßbereich 0 bis 10 Volt ist, soll

44 Das Ohmsche Gesetz.

auf den 10 fachen Bereich (0—100 Volt) gebracht werden. Der Widerstand des Instruments beträgt 456 Ohm. Wieviel Ohm sind vorzuschalten?

Lösung: $9 \cdot 456$ Ohm = 4104 Ohm, so daß jetzt der Widerstand des Instruments 4560 Ohm ist.

Es mag hier noch erwähnt werden, daß man auch den Meßbereich eines Amperemeters beliebig erweitern kann. Will man den Meßbereich auf das 10 fache bringen, so darf man nur $1/10$ des zu messenden Stromes durch das Instrument gehen lassen, muß also $9/10$ an ihm vorbeileiten. Das erreicht man dadurch, daß man parallel zum Amperemeter einen Widerstand legt, der $1/9$ seines Eigenwiderstandes beträgt. Abb. 30 erläutert die Schaltung des Nebenschlußwiderstandes. Allgemein muß der Nebenschlußwiderstand (Shunt) $\dfrac{1}{n-1}$ vom Eigenwiderstand des Amperemeters sein, wenn dessen Meßbereich n mal so groß werden soll.

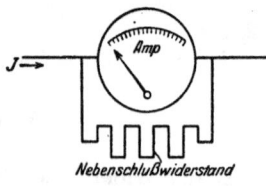

Abb. 30. Nebenschlußwiderstand zum Amperemeter.

Beispiel: Ein Meßinstrument, bei dem ein Teilstrich 1 Milliampere ist, soll zum Messen stärkerer Ströme verwendet werden, und zwar soll ein Teilstrich 1 Ampere sein. Wie groß ist der Nebenschlußwiderstand zu wählen, wenn der Eigenwiderstand des Instrumentes 5,4 Ohm ist?

Lösung: $W = \dfrac{5{,}4}{999}$ Ohm = 0,005454 Ohm.

Aus dem Ohmschen Gesetz erklärt sich auch der Spannungsabfall, den wir uns an der schematischen Zeichnung (Abb. 31) erläutern wollen. Die Elektrizitätsquelle Q liefert eine Spannung von E Volt. Wird nun zwischen die Polklemmen A und B ein Ohmscher Widerstand von W Ohm gelegt, so fließt längs AB ein Strom von $J = \dfrac{E}{W}$ Ampere. Bei C ist eine Abzweigstelle, durch die der Widerstand W in die Teilwiderstände $AC = W_1$ und $BC = W_2$ zerlegt wird. Ein zwischen B und C eingeschaltetes Voltmeter V zeigt bei geschlossenem Strom auch eine Spannungsdifferenz E_1 an, die kleiner ist als E, die Spannungsdifferenz zwischen A und B, und zwar ist nach dem Ohmschen Gesetz $E_1 = J \cdot W_2$. Da nun $E = J \cdot W = J(W_1 + W_2) = J \cdot W_1 + J \cdot W_2 = J \cdot W_1 + E_1$, ist
$$E_1 = E - J \cdot W_1 \quad \ldots \ldots \ldots \quad (26)$$
Den Ausdruck $J \cdot W_1$, um den also die Spannung E vermindert wird, nennt man den Spannungsabfall.

Das Ohmsche Gesetz. 45

Beispiel: Uns stehe eine Gleichstromquelle von 220 Volt zur Verfügung, und wir gebrauchen für den Anodenstromkreis einer Kathodenröhre (S. 112) 90 Volt. Welche Schaltung ist anzuwenden, um die benötigte Spannung mit der vorhandenen herzustellen?

Lösung: Bei der Beantwortung dieser Frage spielt die Stromstärke eine Rolle. Handelt es sich um einen konstanten Strom von etwa 1 MA, so wendet man einen einfachen Vorschaltwiderstand an, der nach Gleichung 26) zu berechnen ist. Es ist dann
$$90 = 220 - 0{,}001 \cdot W,$$
also $W = 130\,000$ Ohm.

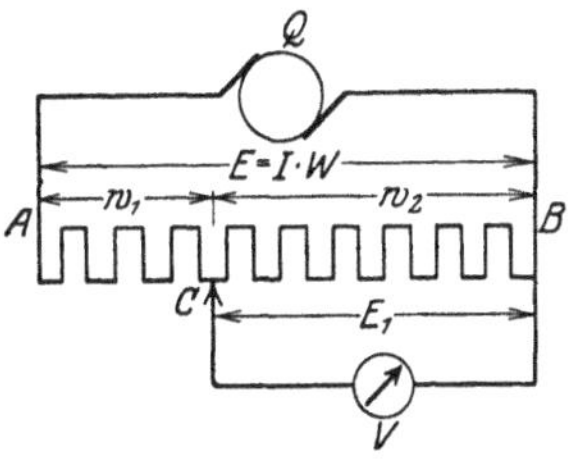

Abb. 31. Spannungsabfall.

Da es sich aber in dem vorliegenden Falle fast stets um eine veränderliche Stromstärke handelt, macht man von der sogenannten Potentiometerschaltung der Abb. 31 Gebrauch. Nimmt man die Spannung bei B und C ab, so muß der Widerstand AB in C im Verhältnis 130:90 geteilt sein. Schaltet man also zwei Widerstände $AC = 260\,\Omega$ und $CB = 180\,\Omega$ in der in Abb. 31 angegebenen Weise hintereinander, so hat man die gewünschte Anordnung. Dabei ist allerdings die Voraussetzung zu machen, daß die in AB vorhandene Stromstärke groß ist im Vergleich zu dem in C abgezweigten Strome.

Beispiel: Eine Elektronenröhre (S. 112) erfordert zur Heizung 2,3 Volt Spannung, es steht aber nur eine Akkumulatorenbatterie von 4 Volt zur Verfügung. Wie groß muß der vorzuschaltende Heizwiderstand gewählt werden, wenn der Heizstrom a) 0,2 Amp., b) 0,06 Amp. beträgt?

Der Spannungsabfall von 1,7 Volt ist gleich $J \cdot W$, also ist bei a)
$$W_1 = \frac{1{,}7}{0{,}2}\,\text{Ohm} = 8{,}5\,\text{Ohm},$$
bei b)
$$W_2 = \frac{1{,}7}{0{,}06}\,\text{Ohm} = 28\,\text{Ohm}.$$

Bei der Wahl des Vorschaltwiderstandes kommt es daher auf die Stromstärke an.

Infolge des Spannungsabfalles ist die Verbrauchsspannung einer Stromquelle immer niedriger als die elektromotorische Kraft. Beträgt der innere Widerstand einer Stromquelle W_i Ohm (in diesem Wert ist also der ganze Widerstand im Innern der Stromquelle bis zu den Klemmen enthalten), so ist die an den Klemmen verfügbare Verbrauchsspannung (Klemmenspannung) $E_1 = E - J \cdot W_i$, wo E die elektromotorische Kraft in Volt, J die Stromstärke in Ampere. Man sieht aus dieser Formel, daß die Klemmenspannung E_1 sowohl von der Stromstärke als auch vom inneren Widerstande abhängig ist. Stromquellen mit großem innerem Widerstande haben daher einen großen Spannungsabfall (z. B. viele galvanische Elemente). Bei diesen hat man also nur bei kleinen Stromstärken noch eine gewisse Verbrauchsspannung. Für die Stromstärke besteht ein Grenzwert $J' = \dfrac{E}{W_i}$. Bei Kurzschluß (äußerer Widerstand = 0) erreicht die Stromstärke diesen Grenzwert. Wird kein Strom entnommen, so ist auch der Spannungsabfall gleich Null.

Beispiel: Ein Akkumulator habe einen inneren Widerstand von 0,05 Ohm. Wie hoch ist die Klemmenspannung einer Batterie von 3 Elementen, deren elektromotorische Kraft 2 Volt für jede Zelle ist, bei einem äußeren Widerstande von 6 Ohm? Wie groß ist der Kurzschlußstrom?

Antwort: 1. Es ist
$$J = \frac{E}{W_i + W_a} = \frac{3 \cdot 2}{3 \cdot 0{,}05 + 6} = 0{,}97 \text{ Ampere},$$
demnach $E_1 = E - J \cdot W_i = 6 - 0{,}15 \cdot 0{,}97 = 5{,}85$ Volt.

2. $\qquad J' = \dfrac{E}{W_i} = \dfrac{3 \cdot 2}{3 \cdot 0{,}05} = 40$ Ampere.

Von Gleichung (26) macht man eine Anwendung beim Laden der Akkumulatoren (vgl. S. 23). Soll z. B. eine Batterie von 6 Volt Spannung geladen werden, so muß man etwa 9 Volt Ladespannung haben. Die zur Verfügung stehende Stromquelle hat aber häufig eine höhere Spannung, so daß durch geeignete Vorschaltwiderstände für den nötigen Spannungsabfall gesorgt werden muß. Die Widerstände sind so zu bemessen, daß die zulässige Ladestromstärke, die meistens auf den Zellen angegeben ist, und bei kleineren Zellen, wie sie in der Funktechnik gebraucht werden, in der Regel nicht mehr als 2,5 Amp. beträgt, nicht überschritten wird. Ist E die Spannung der Stromquelle, E_1 die beim Laden vorhandene Klemmenspannung des Akkumulators (in unserem Beispiel 9 Volt), so ist der Widerstand W_l nach Formel (26)

$$W_l = \frac{E - E_1}{J_l} \text{ Ohm},$$

wo J_l der Ladestrom ist. Vielfach verwendet man als Stromquelle das Lichtnetz und als Vorschaltwiderstände Kohlefadenlampen, elektrische Plätteisen oder Kochapparate. Abb. 32 zeigt eine Ladevorrichtung. Bei *b)* können die Vorschaltwiderstände durch Stecker angeschlossen werden; alles weitere ist aus der Zeichnung ersichtlich.

Beispiel: Eine Batterie von 6 Volt Spannung wird aus dem Lichtnetz von 220 Volt Gleichstrom geladen. Als Vorschaltwiderstand dient ein Plätteisen von 100 Ohm (für Kühlung sorgen!).

Das Ohmsche Gesetz. 47

Der Ladestrom ist in diesem Falle $J_l = \dfrac{220-6}{100}$ Amp. = 2,14 Amp.
Die aufgewandte Leistung beträgt $220 \cdot 2{,}14$ Watt = 471 Watt. Zur Ladung erforderlich sind $9 \cdot 2{,}14$ Watt = 19 Watt, so daß 452 Watt verloren gehen. Diese Art der Ladung ist also sehr unwirtschaftlich[1]).

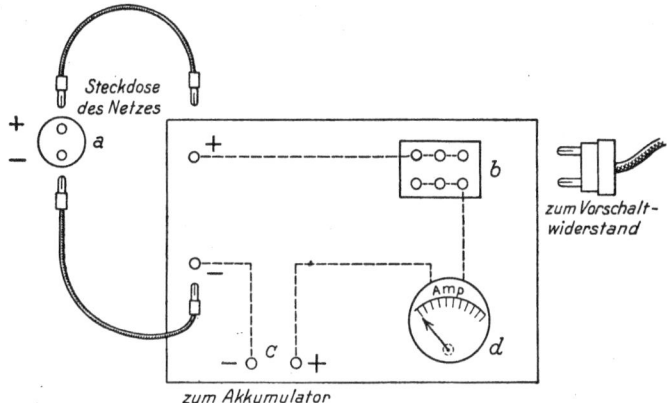

Abb. 32. Ladevorrichtung zum Anschluß an das Gleichstromnetz.

Mit Hilfe des Ohmschen Gesetzes wollen wir nun noch die Gleichung (16), die uns Aufschluß über die Arbeitsleistung des elektrischen Stromes gibt, ein wenig umformen. Ersetzen wir dort E durch $J \cdot W$, so erhalten wir

$$A = J^2 \cdot W \cdot t \text{ Joule} \quad \ldots \ldots \ldots (27)$$

Ebenso ergibt sich, wenn man in 16) J durch E/W ersetzt,

$$A = \dfrac{E^2}{W} \cdot t \text{ Joule} \quad \ldots \ldots \ldots (27\text{a})$$

Entsprechend gelten die Gleichungen

$$N = J^2 \cdot W \text{ Watt},$$

$$N = \dfrac{E^2}{W} \text{ Watt}.$$

Bei gleichbleibendem Widerstande wächst daher die Leistung wie das Quadrat der Stromstärke (Spannung), aber auch die Verluste infolge Energiestreuung (Wärmeabgabe nach außen) wachsen in demselben Maße. Wenn es sich daher darum handelt, eine bestimmte Energiemenge ohne große Verluste weiter fortzuleiten, dann wählt man eine geringe Stromstärke; die Spannung muß

───────────
[1]) Vgl. des Verfassers Schrift: Stromquellen für den Röhrenempfang. Berlin: Julius Springer.

dann allerdings entsprechend groß gewählt werden (Vorzug der Hochspannungsfernleitungen).

Beispiel: Ein Telephonhörer von 2000 Ohm Widerstand spricht noch eben an auf einen Strom von $4 \cdot 10^{-7}$ Ampere. Wie groß ist in diesem Falle die Leistung?

Antwort: $N = J^2 \cdot W$ Watt $= 16 \cdot 10^{-14} \cdot 2000$ Watt $= 3{,}2 \cdot 10^{-10}$ Watt.

6. Die sinusförmige Wechselspannung.

Die Dreifingerregel der rechten Hand ist die Grundlage für die maschinelle Umsetzung mechanischer Energie in elektrische. Das Schema einer dazu geeigneten idealen Maschine ist in Abb. 33 gezeichnet. Zwischen den Polen eines Magneten (meistens Elektromagneten, der mit Gleichstrom gespeist wird), bewegt sich um eine Achse A ein Drahtrahmen, dessen Enden mit zwei isoliert auf der Achse befestigten Schleifringen, von denen die Spannungen abgenommen werden können, verbunden zu denken sind. In Abb. 34, die nur die Richtung der Kraftlinien und einen Schnitt durch den Rahmen senkrecht zur Achse zeigt, sind die Verhältnisse noch einfacher dargestellt.

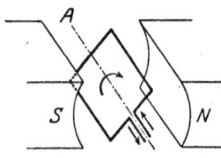

Abb. 33. Rotierender Drahtbügel im Magnetfelde.

Wir gehen zur Verfolgung der Einzelheiten von der Mittelstellung aus, in der die Kraftlinien senkrecht zur Ebene des Rahmens stehen, und drehen diesen in Uhrzeigerrichtung. Man sieht, daß die Zahl der geschnittenen Kraftlinien mit wachsendem Drehungswinkel zunimmt, bis sie bei einem Drehungswinkel von 90°, bei dem die Rahmenebene parallel zu den Kraftlinien steht, den Höchstwert erreicht. Dann nimmt sie wieder ab und erreicht den Wert 0, wenn die Rahmenebene wieder senkrecht zu den Kraftlinien steht, und nun wiederholt sich derselbe Vorgang, bloß mit dem Unterschiede, daß jetzt die Kraftlinien in entgegengesetzter Richtung geschnitten werden. Die in dem Drahtrahmen induzierte elektromotorische Kraft hat also in einem bestimmten Moment die Größe 0, steigt dann an, bis sie einen Höchstwert erreicht und sinkt allmählich wieder auf 0.

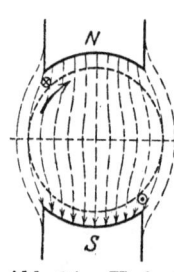

Abb. 34. Umlauf eines Leiters im Magnetfelde.

Die sinusförmige Wechselspannung. 49

Nun kehrt sie ihre Richtung um, steigt wieder an bis zu einem Maximalwert und sinkt dann wieder auf 0. Damit beginnt dasselbe Spiel von neuem.

Die elektromotorische Kraft ändert sich also mit der Zeit; macht der Rahmen z. B. 25 Umdrehungen in der Sekunde, dann hat die Spannung $1/_{100}$ Sek. nach Beginn den Höchstwert, ist nach einem weiteren Hundertstel einer Sekunde auf 0 gesunken, nach $1/_{100}$ Sek. wird dann der zweite Höchstwert erreicht usw. Man drückt dies Verhalten mathematisch bekanntlich so aus, daß man sagt, die Spannung ist eine Funktion der Zeit.

Die Verhältnisse gewinnen an Klarheit, wenn wir sie einmal graphisch darstellen. Es handelt sich um die Abhängigkeit der Spannung von der Zeit, wenn ein Drahtrahmen sich in einem Magnetfelde um eine senkrecht zu den Kraftlinien gedachte Achse mit gleichförmiger Geschwindigkeit dreht. Wir zeichnen eine Gerade OX (Abb. 35) und tragen auf ihr in gleichen Abständen Punkte auf; ihre Entfernungen von O sollen ein Abbild der Zeit sein. Es bedeutet also in Anlehnung an obiges Beispiel OA_1 $1/_{100}$ Sek., OA_2 $2/_{100}$ Sek., OA_3 $3/_{100}$ Sek.

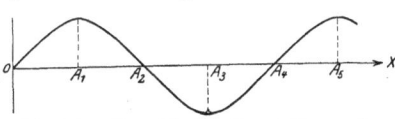

Abb. 35. Graphische Darstellung einer Wechselspannung.

usw. Der Zeitablauf, gerechnet vom Beginn der Drehung unseres Rahmens, entspricht also der Bewegung eines Punktes von O aus in der Richtung OX. Wir errichten nun in den einzelnen Zeitpunkten Senkrechte zu OX, und tragen darauf Strecken ab, die den in den Punkten erreichten Spannungen proportional sind. Um auch dem Umstande gerecht zu werden, daß die Spannung nach einer halben Umdrehung ihre Richtung wechselt, tragen wir für die eine Richtung die Senkrechten nach oben, für die andere nach unten an. Verbinden wir nun die Endpunkte dieser Senkrechten sinngemäß durch eine Kurve, so erhalten wir ein Bild für den Verlauf der Spannung. Man nennt eine solche Spannung eine **Wechselspannung** und den durch sie hervorgerufenen Strom einen **Wechselstrom**. Die Zeiten, in denen die Wechselspannung den Wert 0 erreicht, liegen gleichweit auseinander, ebenso die Zeiten für die Höchstwerte. Die Höchstwerte sind gleichgroß, und das Wachsen und Abnehmen erfolgt immer in derselben Weise.

Den Kurvenzug (Abb. 35) zwischen O und A_4 oder zwischen A_1 und A_5 nennt man eine **Welle**, die zu einer Welle gebrauchte Zeit in Sekunden die **Periode** (in unserem Beispiel $1/25$ Sek.). Die Periode des Wechselstroms in unseren Überlandzentralen beträgt gewöhnlich $1/50$ Sek. Die Zahl der Wellen, oder auch die Zahl der Perioden in der Sekunde, heißt **Periodenzahl** oder **Frequenz**. Bezeichnet man die Periode mit T, die Frequenz mit n, so gilt die Beziehung

$$n = \frac{1}{T} \qquad \qquad (28)$$

Man unterscheidet **Niederfrequenz**, **Tonfrequenz** und **Hochfrequenz**. Die Niederfrequenz geht selten über 50 hinaus Als Tonfrequenz bezeichnet man Frequenzen von einigen Hundert bis einigen Tausend. Wird ein Elektromagnet mit dieser Frequenz erregt, so führt eine gegenübergestellte Stahlmembran im Rhythmus der Frequenz Schwingungen aus, die als Ton wahrnehmbar sind (Telephon). Höhere Frequenzen, 20000 und mehr, werden als Hochfrequenz bezeichnet. Tonfrequenz und Hochfrequenz spielen in der Funkentelegraphie eine große Rolle.

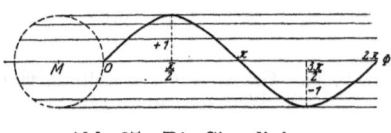

Abb. 37. Die Sinuslinie.

Die Kurve in Abb. 35 hat große Ähnlichkeit mit der aus der Mathematik bekannten Sinuskurve[1]). In Abb. 37 ist diese Kurve graphisch dargestellt. Auf einem Strahl $MO\Phi$ sind von O

---

[1]) Dreht man den Radius der Länge 1 aus der Lage OA (Abb. 36) um den einen Endpunkt O bis etwa in die Lage OA_1, so beschreibt der andere Endpunkt einen Kreisbogen AA_1. Dieser soll uns als Maß für den Winkel AOA_1 dienen. Wir bezeichnen die Maßzahl dieses Bogens als Bogenmaß. Hat der Winkel im Gradmaß die Größe φ, so ergibt die Rechnung $AA_1 = \varphi = \frac{\alpha\pi}{180}$ (zu dem Winkel von 360° gehört der Kreisumfang, dessen Länge hier gleich 2π ist; zu 1° gehört dann der Bogen $\frac{2\pi}{360}$; zu α^0 dann $\frac{\alpha\pi}{180}$). Für unsere Zwecke ist es praktischer, die Winkel im Bogenmaß zu messen.

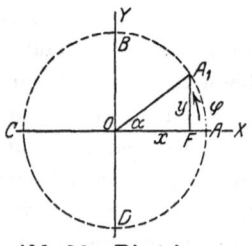

Abb. 36. Die trigonometrischen Funktionen Sinus und Kosinus.

Wir fällen jetzt von A_1 auf OA das Lot; die Maßzahl y dieses Lotes ist der Sinus des Winkels φ; geschrieben $y = \sin \varphi$.

Die sinusförmige Wechselspannung. 51

aus die Bogen des Kreises mit dem Radius 1 als Strecken abgetragen, senkrecht dazu sind die zugehörigen Sinuswerte aufgetragen.

Die Übereinstimmung der beiden Kurven in Abb. 35 und 37 ist nicht zufällig. Wäre das Magnetfeld in den Abb. 33 und 34 vollkommen homogen, so würde in jedem Punkte die Zahl der geschnittenen Kraftlinien dem Sinus des Drehungswinkels, gerechnet von der Stelle an, an der der Drahtrahmen senkrecht zu den Kraftlinien steht, proportional sein. Das ergibt sich aus Abb. 38. In der sehr kleinen Zeit dt bewege sich der Draht (senkrecht zur Zeichenebene zu denken) von A_1 nach A_2. Wir ziehen nun von A_1 zu $A_0 O$ die Parallele und fällen von A_2 auf diese das Lot $A_2 F$, ziehen außerdem noch in A_1 die Tangente, die $A_2 F$ in B schneidet. Die Zahl der in der Zeit dt geschnittenen Kraftlinien ist offenbar proportional der Strecke $A_1 F$ und damit

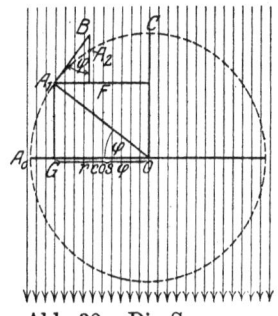

Abb. 38. Die Spannung proportional dem Sinus des Drehungswinkels.

Bewegt sich nun A im Sinne des Pfeiles, so wächst mit dem Bogen zunächst auch der Sinus, bis er bei B den Höchstwert 1 erreicht. Nun nimmt er bei wachsendem Bogen ab und wird bei C Null. Dreht man nun den Radius über OC hinaus, so erscheint das Lot auf der anderen Seite des Durchmessers AC, wir sagen, der Sinus ändert sein Vorzeichen, er wird negativ. Nun erreicht er bei D seinen Höchstwert und ist bei A wieder Null. Wir haben also

$$\sin 0 = 0, \quad \sin \frac{\pi}{2} = 1, \quad \sin \pi = 0, \quad \sin \frac{3\pi}{2} = -1, \quad \sin 2\pi = 0 \text{ usw.}$$

Die Funktion Kosinus (geschrieben cos) bedeutet in dieser Darstellung die Maßzahl x der Projektion des Radius auf OA, d. h. die Entfernung des Fußpunktes F von O. Diese Maßzahl bekommt positives Vorzeichen, wenn F rechts von O, negatives, wenn es links von O liegt. Es ist demnach

$$\cos 0 = 1, \quad \cos \frac{\pi}{2} = 0, \quad \cos \pi = -1, \quad \cos \frac{3\pi}{2} = 0; \quad \cos 2\pi = 1 \text{ usw.}$$

Die Abbildung der Funktion $x = \cos \varphi$ ist durch das über die Sinusfunktion Gesagte wohl verständlich.

Durch den Bruch $\dfrac{\sin \varphi}{\cos \varphi}$ wird eine neue Funktion von φ definiert, die Tangensfunktion; es ist also

$$\operatorname{tg} \varphi = \frac{\sin \varphi}{\cos \varphi}$$

4*

auch proportional dem Bruch $\dfrac{A_1 F}{A_1 B}$. Das ist aber der Sinus des Winkels $A_1 B F$. Nun ist aber der Winkel $A_1 B F$ gleich dem Winkel φ, weil seine Schenkel auf den Schenkeln dieses Winkels senkrecht stehen. Mithin ist die erzeugte elektromotorische Kraft dem Sinus des Drehungswinkels proportional. Es ist demnach die erzeugte Spannung E gleich einer noch zu bestimmenden Konstanten E_0, multipliziert mit dem Sinus des Drehungswinkels, gerechnet von der Stelle an, in der die meisten Kraftlinien durch den Rahmen hindurchgehen, also

$$E = E_0 \cdot \sin \varphi \ \ldots \ldots \ldots (29)$$

Um die Bedeutung der Konstanten E_0 zu erkennen, setzen wir $\varphi = \dfrac{\pi}{2}$, dann wird $\sin \varphi = 1$, also $E = E_0$, E_0 ist also der Höchstwert oder der **Scheitelwert** (Amplitude) der Spannung[1]).

In der Technik gebraucht man statt des Drehungswinkels oft die zu der Drehung gebrauchte Zeit. Die Zeit wird dabei in Sekunden gemessen und von dem Punkte an gezählt, von dem aus wir die Winkel rechneten. Der Drahtrahmen gebraucht zu einer vollen Umdrehung T Sekunden (T ist die Periode, S. 50), für eine Drehung um den Winkel φ kommen t Sekunden in Frage; es verhält sich also $\quad t : T = \varphi : 2\pi,$

---

[1]) Mathematisch exakter läßt sich das Resultat mit Hilfe der Differentialrechnung gewinnen. Der Leiter, der die Länge l hat, habe sich in der Zeit t von A_0 nach A_1 bewegt. Die Zahl der dabei geschnittenen Kraftlinien ist gleich dem Flächeninhalt des Rechtecks mit den Seiten $A_0 G$ und l, multipliziert mit der Feldstärke $\mathfrak{B}$, also gleich $r \cdot (1 - \cos\varphi) \cdot l \cdot \mathfrak{B}$. Setzen wir noch für φ den Wert $\dfrac{2\pi t}{T}$ (s. unten), so erhalten wir für den Kraftfluß den Ausdruck $r \cdot l \cdot \mathfrak{B} \cdot \left(1 - \cos \dfrac{2\pi t}{T}\right)$. Nach 19) ist nun $E = \dfrac{d\Phi}{dt} \cdot 10^{-8}$ Volt, also hier

$$E = \dfrac{d\left[r \cdot l \cdot \mathfrak{B}\left(1 - \cos \dfrac{2\pi t}{T}\right)\right]}{dt} = \dfrac{r \cdot l \cdot \mathfrak{B} \cdot 2\pi \cdot \sin \dfrac{2\pi t}{T}}{T}.$$

Vergleicht man diesen Ausdruck mit dem in 29), so sieht man, daß $E_0 = \dfrac{2 r \cdot l \mathfrak{B} \pi}{T} = 2 r l \cdot \mathfrak{B} \cdot n \cdot \pi = \Phi \cdot n \cdot \pi$, wo Φ den durch den Rahmen in der Ausgangsstellung hindurchgehenden Kraftfluß bezeichnet, da $\Phi = 2 r \cdot l \cdot \mathfrak{B}$ ist.

weshalb $$\varphi = \frac{2\pi t}{T}$$
Somit geben wir (29) die Form
$$E = E_0 \cdot \sin \frac{2\pi t}{T} \quad \ldots \ldots \ldots (29\,\mathrm{a})$$
Setzen wir noch $\frac{2\pi}{T} = \omega$ (ω Winkelgeschwindigkeit), so können wir schreiben
$$E = E_0 \cdot \sin \omega t \quad \ldots \ldots \ldots (29\,\mathrm{b})$$
Da nach Gleichung (22) $J = E/W$, ergibt sich bei einem Widerstande W eine Stromstärke $J = \frac{E_0}{W} \cdot \sin \frac{2\pi t}{T}$, oder auch, wenn man $J_0 = E_0/W$ setzt,
$$J = J_0 \cdot \sin \frac{2\pi t}{T} = J_0 \cdot \sin \omega t \quad \ldots \ldots (30)$$

Obwohl die in der Technik vorkommenden Wechselspannungen und -ströme meistens nur annähernd den sinusförmigen Verlauf zeigen, wollen wir im folgenden doch immer diesen idealen Fall ins Auge fassen.

Den Verlauf des Wechselstromes kann man nun nicht mehr stationär nennen (S. 22). Da aber der Strom in allen Leiterteilen zur selben Zeit die gleiche Größe und Richtung hat, bezeichnen wir einen Stromverlauf der hier beschriebenen Art als quasistationär.

Auf dem soeben dargelegten Prinzip beruht die Erzeugung der Wechselspannung in den Wechselstromgeneratoren. Für die Zwecke der drahtlosen Telegraphie sind mehrere besondere Konstruktionen in Betrieb genommen (Telefunken, Siemens & Halske usw.), auf die einzugehen wir uns hier versagen müssen, da sie ausschließlich für Sendezwecke in Frage kommen. Auch auf die Beschreibung der Hochfrequenzmaschinen (Graf v. Arco, Goldschmidt) muß verzichtet werden. Sie beruhen z. T. auf anderen Prinzipien als den hier angegebenen (s. Kap. 8).

7. Induktion und Selbstinduktion.

Wir haben auf S. 31 gesehen, daß immer eine Spannung in einem Leiter induziert wird, wenn er Kraftlinien schneidet. Dieses Gesetz bleibt natürlich auch bestehen, wenn das Kraftfeld von einem elektrischen Strome erzeugt wird. Man verwendet zum Nachweis des hier gültigen Induktionsgesetzes zwei Spulen (Solenoide), von denen die kleinere, die gewöhnlich als **primäre** bezeichnet wird, in die größere, die **sekundäre**, hineingeschoben werden kann. Wird nun durch die primäre ein Strom geschickt (etwa aus einem Element), so zeigt ein zwischen die Polklemmen der sekundären Spule gelegtes empfindliches Meßinstrument eine Spannung an:

1. beim Schließen und Öffnen des primären Stromes,
2. beim Verstärken und Schwächen des primären Stromes,
3. beim Annähern und Entfernen der vom primären Strom durchflossenen Spule.

Die Richtung der induzierten Spannung ergibt sich jedesmal aus der Dreifingerregel der rechten Hand. Im Fall 1 wächst beim Schließen des primären Stromkreises das Kraftfeld gleichsam aus der Spule heraus; die Kraftlinien schneiden jetzt die Windungen der sekundären Spule von innen her. Die Anwendung der Dreifingerregel ergibt einen Induktionsstrom, dessen Richtung der des primären Stromes entgegengesetzt ist. Umgekehrt entsteht beim Öffnen ein gleichgerichteter Induktionsstrom. Genau so ist Fall 2 zu behandeln, dem Schließen entspricht hier das Verstärken, dem Öffnen das Schwächen.

Im Fall 1 ist der Induktionsstrom nur ein momentaner, im Fall 2 dauert er so lange, wie der primäre Strom sich ändert. Fließt nun durch die primäre Spule ein Wechselstrom, so muß auch sekundär ein solcher entstehen. Die Sekundärspannung hat dann ihren Höchstwert, wenn der primäre Strom sich am meisten ändert, was in der Gegend der Nullwerte der Fall ist, und ist dann Null, wenn der primäre Strom sich nicht ändert, was nur in dem Moment der Fall ist, in dem der Primärstrom einen Höchstwert hat. Nach dem Vorigen hat die Sekundärspannung entgegengesetzte Richtung, wenn der primäre Strom zunimmt, gleiche Richtung, wenn er abnimmt.

Es soll noch ein Ausdruck gegeben werden für die Induktionsspannung. Nach (19) ist sie im absoluten Maßsystem gleich $\frac{d\Phi}{dt}$, d. h. proportional der Änderungsgeschwindigkeit des Kraftflusses. Diese ist aber proportional der Änderungsgeschwindig-

Induktion und Selbstinduktion. 55

keit der Stromstärke, da ja hier das magnetische Feld durch den Strom erzeugt wird. Wächst also in der sehr kleinen Zeit dt der Strom um dJ Ampere, so wächst die Zahl der Kraftlinien, die die Windungen der Sekundärspule schneiden, um $d\Phi$. Dem Bruch $\dfrac{d\Phi}{dt}$ entspricht also der Bruch $\dfrac{dJ}{dt}$ mithin ist die Induktionsspannung dieser Größe proportional. Es ist somit

$$E' = -M \cdot \frac{dJ}{dt} \dots \dots \dots (31)$$

M ist der Proportionalitätsfaktor, er heißt **Koeffizient der gegenseitigen Induktion**. Die Berechtigung des Minuszeichens folgt aus obigen Ausführungen über die Richtung der Induktionsspannung. Der Beweis, daß die Induktionsspannung sinusförmig ist, wenn J ein Wechselstrom ist, wird mit Hilfe der Differentialrechnung geführt[1]).

Besondere Bedeutung hat für uns die **Selbstinduktion**. Man versteht darunter die Erzeugung einer elektromotorischen Kraft in einem Leiter, wenn er von den eigenen Kraftlinien geschnitten wird. Offenbar schneiden die aus einem geraden Leiter heraustretenden kreisförmigen Kraftlinien die Masse des Leiters, und zwar in der Richtung von innen nach außen. Dazu kommt bei einem spulenförmig aufgewickelten Leiter noch, daß die Kraftlinien, die beim Entstehen oder Verstärken des Stromes aus einer Windung herauswachsen, alle anderen Windungen (ebenfalls in der Richtung von innen nach außen) schneiden. Die Anwendung der Dreifingerregel der rechten Hand ergibt eine elektromotorische Kraft, die den Hauptstrom zu schwächen sucht. Ebenso zeigt man, daß beim Unterbrechen oder Schwächen des Hauptstromes eine elektromotorische Kraft von gleicher Richtung entsteht, da dann die Kraftlinien in den Leiter zurücktreten.

Aus den Ausführungen folgt zunächst, daß die Selbstinduktion in Spulen viel wirksamer ist als in geraden Leitern. Man wickelt daher Spulen, in denen die Selbstinduktion möglichst klein bleiben

---

[1]) Es ist $E' = -M \cdot \dfrac{dJ}{dt}$ oder, da $J = J_0 \cdot \sin \omega t = J_0 \cdot \sin \dfrac{2\pi t}{T}$

$$E' = -M \cdot J_0 \cos \frac{2\pi t}{T} \cdot \frac{d\dfrac{2\pi t}{T}}{dt} = -\frac{2\pi \cdot M \cdot J_0}{T} \cdot \cos \frac{2\pi t}{T}$$
$$= -\omega M J_0 \cdot \cos \omega t.$$

soll, „bifilar". Ferner ergibt sich, daß die Selbstinduktion sowohl das Anwachsen als auch das Abnehmen des Stromes hemmt. Sie stellt also etwas Ähnliches dar wie die träge Masse in der Mechanik. Unterbrechungsfunken sind viel stärker als Schließungsfunken, und zwar um so mehr, je mehr Selbstinduktion in der Leitung erzeugt wird.

Man kann auch leicht ein Gesetz über die Selbstinduktion aufstellen. Nach (19) ist die elektromotorische Kraft dem Verhältnis der in einer sehr kleinen Zeit geschnittenen Kraftlinien zu der dazu gebrauchten Zeit, also der Änderungsgeschwindigkeit des Kraftflusses proportional. In unserem Falle ist aber die Zahl der geschnittenen Kraftlinien der Zunahme, bzw. Abnahme der Stromstärke (S. 33) proportional. Ändert sich daher in der sehr kleinen Zeit dt die Stromstärke um dJ, so ändert sich die Zahl der geschnittenen Kraftlinien um $d\Phi$; der Größe $\dfrac{d\Phi}{dt}$ (S. 31) entspricht hier der Bruch $\dfrac{dJ}{dt}$. Wir kommen also zu dem Ergebnis, daß die Selbstinduktionsspannung dem Bruch $\dfrac{dJ}{dt}$, d. h. der Änderungsgeschwindigkeit der Stromstärke proportional ist. Wir können somit, wenn wir die Selbstinduktionsspannung mit E_s bezeichnen, einfach setzen

$$E_s = -L\frac{dJ}{dt}, \quad \ldots \ldots \ldots (32)$$

wo L den Proportionalitätsfaktor bedeutet. Das Minuszeichen deutet an, daß die Selbstinduktion jeder Änderung der Stromstärke entgegenwirkt. Der Proportionalitätsfaktor L ist ähnlich wie der Ohmsche Widerstand eine durch den Leiter bedingte Konstante, doch mit dem Unterschiede, daß er nur von der Form des Leiters abhängig ist. L heißt der Selbstinduktionskoeffizient. Ist in (32) J in Ampere, E in Volt angegeben, so wird L in Henry gemessen. Die Selbstinduktion 1 Henry hat also ein Leiter, in dem die Selbstinduktionsspannung 1 Volt entsteht, wenn der Quotient $\dfrac{dJ}{dt}$ den Wert 1 hat, wenn also bei gleichmäßiger Änderung die Stromstärke um 1 Ampere in der Sekunde wächst. Wählt man in (32) statt der technischen die absoluten Einheiten der

Stromstärke und der Spannung, so ist auch der Selbstinduktionskoeffizient im absoluten Maßsystem zu messen. **Die Einheit der Selbstinduktion hat dann ein Leiter, in dem bei gleichmäßiger Änderung der Stromstärke um eine absolute elektromagnetische Einheit in der Sekunde die Selbstinduktionsspannung gerade eine absolute elektromagnetische Einheit beträgt.** Nun ist nach S. 34 1 Amp. = 10^{-1} Weber und nach S. 31 1 Volt = 10^8 absolute elektromagnetische Einheiten der Spannung. Bringt also die Änderung der Stromstärke um 1 Weber eine Selbstinduktionsspannung von einer absoluten Einheit hervor, so ist der Selbstinduktionskoeffizient 1 abs. Einh. d. Selbstind. Bei einer Änderung der Stromstärke um 1 Ampere würde in diesem Falle die Selbstinduktionsspannung nur $1/10$ der absoluten elektromagnetischen Einheit der Spannung sein, d. h. = 10^{-9} Volt. Damit aber dann eine Spannung von 1 Volt entsteht, muß ein Leiter mit einem 10^9 mal so großen Selbstinduktionskoeffizienten gewählt werden. Nach der Definition ist dieser gerade 1 Henry. Wir haben demnach

1 Henry = 10^9 abs. elektromagn. Einh. d. Selbstind.

Aus allen Formeln für die Berechnung des Selbstinduktionskoeffizienten ist ersichtlich, daß dieser die Dimension einer Länge hat (vgl. z. B. die auf S. 62 angeführte empirische Formel 36); **man hat daher als absolute Einheit des Selbstinduktionskoeffizienten das Zentimeter gewählt.** Demnach ist

1 Henry = 10^9 cm.

Auch der Koeffizient der gegenseitigen Induktion wird gewöhnlich in Henry oder Zentimetern angegeben. Bei Gleichstrom macht sich die Selbstinduktion nur während des Ein- und Ausschaltens bemerkbar. Dagegen ändert sich die Selbstinduktionsspannung einer Wechselstromleitung fortwährend mit dem Strom; für Wechselstrom gilt, wenn der Hauptstrom der Beziehung (29 b) genügt,

$$E_s = -\omega L J_0 \cdot \cos \omega t = -\omega L \cdot J_0 \cdot \sin \omega \left(t + \frac{T}{4}\right)[1]. \quad (33)$$

---

[1]) Die Formel (33) leitet man mit Hilfe der Differentialrechnung folgendermaßen ab. Es ist

58 Induktion und Selbstinduktion.

Der Selbstinduktionskoeffizient darf nicht verwechselt werden mit dem Koeffizienten der gegenseitigen Induktion, den wir auf S. 55 eingeführt haben. Der Selbstinduktionskoeffizient ist eine für jeden Leiter charakteristische Konstante, während der Koeffizient der gegenseitigen Induktion eine Größe ist, die außer von den Selbstinduktionskoeffizienten der beiden Spulen noch von ihrer gegenseitigen Lage abhängig ist. Er ist offenbar um so kleiner, je weiter die beiden Spulen voneinander entfernt sind, und erreicht seinen höchsten Wert, wenn sämtliche Kraftlinien, die aus der primären Spule austreten, die Windungen der sekundären Spule schneiden (F. u. T. S. 23 u. 24).

Auf der Induktion beruht die Wirkungsweise der **Transformatoren** und **Funkeninduktoren**. Bei diesen Apparaten handelt es sich meistens darum, durch einen in der primären Spule fließenden Wechselstrom oder zerhackten Gleichstrom in der sekundären Spule einen Strom hoher Spannung zu erzeugen. Das Verhältnis von Primärspannung zu Sekundärspannung heißt Umsetzungsverhältnis; es ist annähernd gleich dem Verhältnis der Windungszahlen. Ein Transformator transformiert also 220 Volt auf 8800 Volt, wenn die sekundäre Spule 40mal soviel Windungen hat wie die primäre. Die Abb. 39 zeigt einen Schnitt durch einen Transformator, während Abb. 40 einen Transformator der Isaria-Zählerwerke für Verstärkerzwecke darstellt.

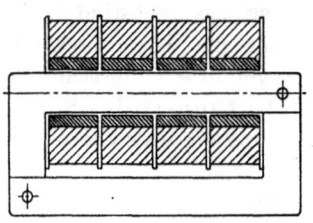

Abb. 39. Vollkommen eisengeschlossener Transformator.

Die in der Funkentelegraphie gebräuchlichen Selbstinduktionsspulen werden ein- und mehrlagig ausgeführt. Das Aufwickeln solcher Spulen hat stets so zu erfolgen, daß Punkte größten Spannungsunterschiedes möglichst weit auseinander zu liegen kommen.

$$E_s = -L\frac{dJ}{dt} = -L\frac{d(J_0 \sin \omega t)}{dt}$$
$$= -L \cdot J_0 \cdot \cos \omega t \frac{d(\omega t)}{dt} = -\omega L \cdot J_0 \cdot \cos \omega t.$$

Nun ist $\cos \omega t = \sin\left(\omega t + \frac{\pi}{2}\right) = \sin\left(\omega t + \frac{\pi \omega}{2\omega}\right) = \sin \omega \left(t + \frac{T}{4}\right)$, da $\frac{2\pi}{T} = \omega$, also $\frac{\pi}{2\omega} = \frac{T}{4}$ ist.

Induktion und Selbstinduktion. 59

Die mehrlagige Wickelung erfordert in dieser Hinsicht besondere Sorgfalt. Man darf die einzelnen Lagen nicht einfach übereinanderwickeln, da sie dann gegeneinander eine nicht zu vernachlässigende Kondensatorwirkung zeigen. Um die Spulenkapazität möglichst niedrig zu halten, wendet man die sog. „kapazitätsfreie" Wickelung an, die aus der Abb. 41 ersichtlich ist.

Der Form nach unterscheidet man Zylinder-, Flach- und Käfigspulen, letztere kommen für den Empfang kaum in Frage. Bei ersteren liegt die Wickelung auf einem Zylinder aus Isolierstoff (meistens Hartgummi, zur Not genügt paraffiniertes Holz oder Pappe), während bei den scheibenförmigen Flachspulen der Draht spiralförmig aufgewickelt ist. Vielfach verwendet man Lackdrahtlitze (fein verdrillter isolierter Kupferdraht von 0,07 mm Durchmesser), die, wie auf S. 93 ausgeführt, für die in der Funktechnik erforderliche Stromart am günstigsten ist. Aber auch mit isoliertem Massivdraht vom Durchmesser 0,3 bis 0,6 mm lassen sich sehr gut brauchbare Empfängerspulen herstellen. Neuerdings sind die von Lee de Forest angegebenen Honigwabenspulen sehr beliebt. Beim Wickeln wird die Führungsöse des Drahtes parallel zur Drehungsachse der Spule hin- und hergeführt. Abb. 42 zeigt eine Honigwabenspule.

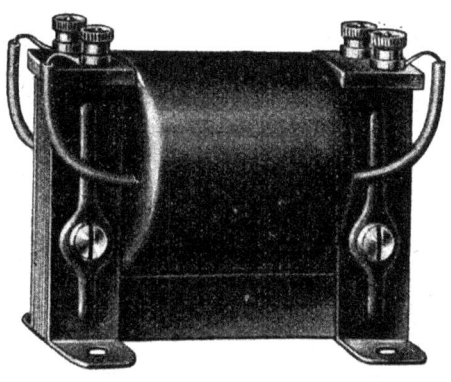

Abb. 40. Eingangstransformator der Isaria-Zählerwerke A.-G. München.

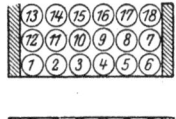 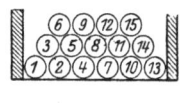

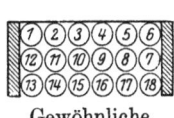 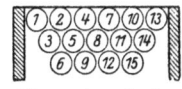

Gewöhnliche Wickelung   Kapazitätsfreie Wickelung.
Abb. 41.

Stehen mehrere Selbstinduktionsspulen zur Verfügung, so lassen sich durch Kombination der Einzelspulen neue Selbstinduktionsbeträge herstellen. Bei Hintereinanderschaltung addieren sich die Selbstinduktionsbeträge der einzelnen Spulen. Sind also die Selbstinduktionskoeffizienten der einzelnen Spulen L_1, L_2, . . . L_n, so hat das System aller n-Spulen in Hintereinanderschaltung den Selbstinduktionskoeffizienten

$$L = \dot{L}_1 + L_2 + L_3 + \ldots + L_n, \quad \ldots \quad (34)$$

während bei Parallelschaltung die Formel gilt

$$\frac{1}{L} = \frac{1}{L_1} + \frac{1}{L_2} + \frac{1}{L_3} + \ldots + \frac{1}{L_n}. \quad \ldots \quad (35)$$

Bei diesen Formeln ist allerdings Voraussetzung, daß die Spulen sich nicht gegenseitig beeinflussen.

Abb. 42. Honigwabenspule.

Zur Veränderung der Selbstinduktion sind zwei Möglichkeiten gegeben: eine sprungweise Änderung durch Zu- und Abschalten von Windungen, sowie eine stetige Veränderung durch stetige Verlängerung oder Verkürzung des Spulendrahtes oder durch Änderung der Lage einzelner Wickelungsteile gegeneinander. Häufig werden darum unterteilte Spulen verwandt. Für Amateurzwecke sind auch Schiebespulen sehr geeignet, von denen Abb. 43 ein Beispiel gibt. Weitgehende Bedeutung haben auch die Variometer, die, auf dem Prinzip der gegenseitigen Beeinflussung der

Induktion und Selbstinduktion. 61

magnetischen Felder der Selbstinduktionsspulen beruhend, eine stetige Veränderung der Selbstinduktion ermöglichen.

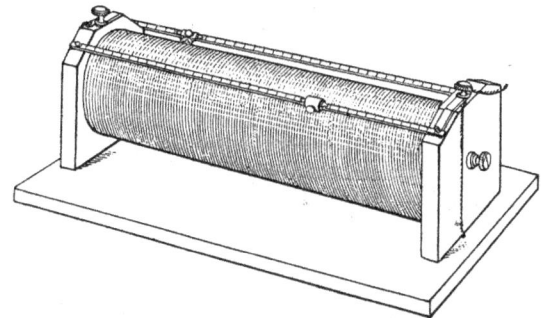

Abb. 43. Schiebespule mit 2 Kontakten.

Das Flachspulenvariometer von Schieferstein besteht (Abb. 44) aus zwei parallel oder in Reihe geschalteten Spulensystemen (*a*) und (*b*) von gleichem Wickelungssinn. Die Spulen des einen Systems (*a*) sind nebeneinander feststehend angeordnet, während die Spulen des Systems (*b*) fest mit einer Achse (*c*) verbunden sind und sich durch diese in die Zwischenräume des festen Systems hineindrehen lassen. Die Selbstinduktion ist am größten, wenn die Spulensysteme ineinandergeschaltet sind, am kleinsten, wenn sie um 90° voneinander abstehen. Flachspulenvariometer finden besonders für Sendezwecke Verwendung.

Auf demselben Prinzip beruhen das Kugelvariometer, das in Abb. 45 dargestellt ist, und das Zylindervariometer. Bei ersterem befindet sich die feste Wickelung auf einem Zylinder, während die zweite auf einer Kugel, die um eine quer durch den Zylinder hindurchgehende Achse gedreht werden kann, angebracht ist.

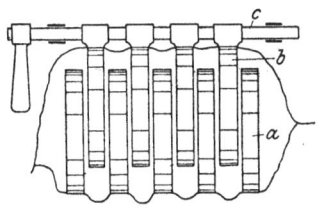

Abb. 44. Flachspulenvariometer.

Die theoretische Berechnung der Selbstinduktionskoeffizienten ist ziemlich umständlich und mit den hier vorausgesetzten Hilfsmitteln nicht ausführbar. Man verwendet meistens die von Korndörfer empirisch abgeleiteten und an einer großen

Anzahl von Spulen nachgeprüften Gleichungen. Danach ist
$$L = 10{,}5 \cdot N^2 \cdot D \cdot k \cdot \text{cm} \qquad (36)$$

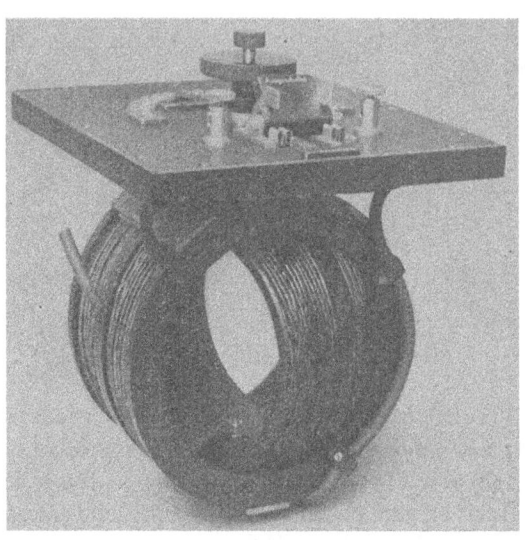

Abb. 45. Kugelvariometer der Lorenz A.-G.

Hier ist N die gesamte Windungszahl, D ist mittlerer Durchmesser der Spule (s. Abb. 46). Die Konstante k ist abhängig von dem Verhältnis des Durchmessers D zu dem Umfang des rechteckigen Wickelungsquerschnitts, den wir mit U bezeichnen. Es ist $U = 2(l + b)$, wenn l die Spulenlänge, b die Dicke der aufgewickelten Drahtschicht bedeutet. Dann ist

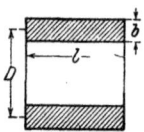

Abb. 46. Zur Berechnung des Selbstinduktionskoeffizienten.

$k = \sqrt[4]{\dfrac{D}{U}}$, wenn $\dfrac{D}{U}$ zwischen 0 und 1,

$k = \sqrt{\dfrac{D}{U}}$, wenn $\dfrac{D}{U}$ zwischen 1 und 3,

$k = 1$, wenn $D = U$.

Die Formel von Korndörfer gibt für Zylinderspulen, für die D/U kleiner als 3 bleibt, ziemlich genaue Resultate. Die experimentelle Ermittelung des Selbstinduktionskoeffizienten wird auf S. 75 kurz angedeutet werden (F. u. T. S. 24—29).

Beispiel: Es soll der Selbstinduktionskoeffizient einer Spule mit 60 Windungen berechnet werden, wenn außerdem bekannt ist der mittlere Durchmesser $D = 10$ cm, die Länge $l = 6$ cm und die Dicke der Wicklung $b = 0,4$ cm.

Es ist $U = 2 \cdot (l + b) = 2 \cdot 6,4 = 12,8$; also $\dfrac{D}{U} = \dfrac{10}{12,8} = 0,78$. Man muß daher $k = \sqrt[4]{0,78} = 0,94$ nehmen und erhält nach Formel 36)
$L_{cm} = 10,5 \cdot 60^2 \cdot 10 \cdot 0,94 = 3,6 \cdot 10^5$.

8. Der Wechselstromwiderstand.

Für die Funkentelegraphie hat die Einwirkung einer in der Leitung vorhandenen Selbstinduktion oder Kapazität auf die Form des Wechselstroms eine grundlegende Bedeutung. Untersuchen wir zunächst den ersten Fall. Uns stehe eine Wechselstromquelle (Generator, durch das Zeichen -Ⓖ- angedeutet) zur Verfügung. In der Leitung befinden sich hintereinander geschaltet ein Ohmscher Widerstand W und eine Selbstinduktionsspule L (Abb. 47). Das eingeschaltete Amperemeter zeige den Wechselstrom an, der nach S. 53 der Gleichung genügt

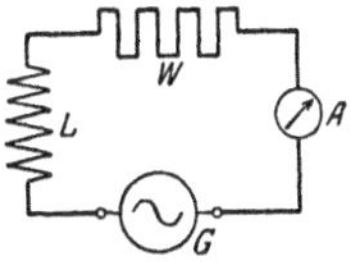

Abb. 47. Ohmscher Widerstand und Selbstinduktion im Wechselstromkreis.

$$J = J_0 \cdot \sin \dfrac{2\pi t}{T} = J_0 \cdot \sin \omega t.$$

Dieser Strom erzeugt aber, wie auf S. 57 ausgeführt, eine Selbstinduktionsspannung

$$E_s = -\omega \cdot L \cdot J_0 \cdot \cos \dfrac{2\pi t}{T} = -\omega L \cdot J_0 \cos \omega t. \quad (33)$$

Um diese unwirksam zu machen, müßte der Generator außer der Spannung E', die nach dem Ohmschen Gesetz den Strom J liefert, noch eine Zusatzspannung

$$E_s' = -E_s = \omega \cdot L \cdot J_0 \cdot \cos \omega t = \omega \cdot L \cdot J_0 \cdot \sin \omega \left(t + \dfrac{T}{4}\right)$$

liefern. Bei der idealen Maschine (S. 48) könnte das dadurch bewirkt werden, daß auf dem Anker noch eine zweite Schleife angebracht würde, die um $90°$ im Sinne der Drehung vorstände, und deren Abmessungen im übrigen so bemessen wären, daß gerade die Spannung E_s' herauskäme. In Abb. 48 bedeutet die dick ausgezogene Kurve die Stromstärke, die gestrichelte die Selbstinduktionsspannung. Die den Strom J nach dem Ohmschen Gesetz erzeugende Spannung E' und die Zusatzspannung E_s', die zur Aufhebung von E_s dient, sollen noch hinzugezeichnet werden, erstere dünn ausgezogen, letztere strichpunktiert. Die von der

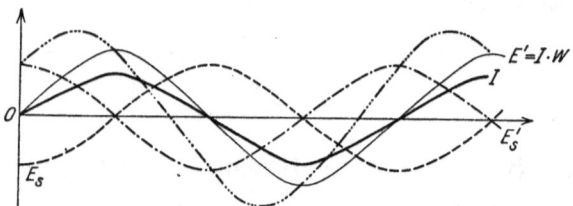

Abb. 48. Phasenverschiebung im Wechselstromkreis bei vorhandener Selbstinduktion.

Maschine insgesamt gelieferte Spannung E setzt sich aus E' und E_s' zusammen. Es ist also
$$E = E' + E_s'.$$
Nun ist
$$E' = W \cdot J = W \cdot J_0 \cdot \sin \omega t, \qquad E_s' = \omega \cdot L \cdot J_0 \cos \omega t,$$
also
$$E = J_0 \cdot (W \cdot \sin \omega t + \omega \cdot L \cdot \cos \omega t).$$
Um den Ausdruck in der Klammer auf eine elegantere Form zu bringen, führen wir zwei Hilfsgrößen ein; wir setzen
$$W = R \cdot \cos \varphi,$$
$$\omega \cdot L = R \cdot \sin \varphi,$$
dann wird
$$E = J_0 (R \cdot \sin \omega t \cdot \cos \varphi + R \cdot \cos \omega t \cdot \sin \varphi)$$
$$= J_0 \cdot R \sin (\omega t + \varphi)^1). \quad \ldots \ldots \ldots (37)$$
Durch Quadrieren und Addition der beiden Hilfsgleichungen findet man aber
$$R = \sqrt{W^2 + \omega^2 L^2}, \quad \ldots \ldots (37a)$$
durch Division der zweiten durch die erste
$$\operatorname{tg} \varphi = \frac{\omega L}{W}. \quad \ldots \ldots (37b)$$
Die resultierende Spannung E ist also nach (37) eine sinusförmige Wechselspannung, deren Scheitelwert E_0 gleich $J_0 \cdot \sqrt{W^2 + \omega^2 L^2}$ ist. φ heißt der Phasenwinkel. Für den Fall, daß ein Ohmscher Widerstand und eine Selbstinduktion hintereinander im Stromkreis sind, lautet also das Ohmsche Gesetz für Wechselstrom
$$E_0 = J_0 \cdot \sqrt{W^2 + \omega^2 L^2}. \quad \ldots \ldots (38)$$

---

[1] Weil $\sin (\alpha + \beta) = \sin \alpha \cdot \cos \beta + \cos \alpha \cdot \sin \beta$.

Der Wechselstromwiderstand.

$\sqrt{W^2 + \omega^2 L^2}$ heißt Wechselstromwiderstand oder Impedanz. In Abb. 48 ist die Spannung E durch die Kurve —···—···— angedeutet; der Strom läuft der Spannung nach (Phasenverzögerung).

Formel 37a) zeigt, daß der Wechselstromwiderstand größer ist als der Ohmsche Widerstand, und zwar um so mehr, je größer ω oder L oder beide zugleich sind. ω ist aber von der Frequenz abhängig, da ja nach S. 53 $\omega = \dfrac{2\pi}{T}$ oder, weil $n = \dfrac{1}{T}$, $\omega = 2\pi n$.

Man sieht, daß bei Hochfrequenz der Ausdruck so groß werden kann, daß der Ohmsche Widerstand W ganz gegen den induktiven Widerstand verschwindet. Das folgende Beispiel mag das zeigen.

Beispiel: Ein Fernhörer habe einen Ohmschen Widerstand von 4000 Ω, einen Selbstinduktionskoeffizienten von 0,4 Henry. Wir schicken einen Wechselstrom von der Frequenz 100000 hindurch. Es soll berechnet werden a) der Wechselstromwiderstand, b) der induktive Widerstand.

a) $R_W = \sqrt{W^2 + (2\pi n \cdot L)^2} = \sqrt{16\,000\,000 + 63\,101\,440\,000}$
   $= 251\,230\ \Omega$.
b) $\omega \cdot L = 2\pi \cdot 100000 \cdot 0,4\ \Omega = 251\,200\ \Omega$.

Der Unterschied ist äußerst gering. Infolgedessen kann ein Hochfrequenzstrom zuweilen durch eine Spule vollständig erdrosselt werden, während ein Gleichstrom, ohne großen Widerstand zu finden, hindurchgeht, nämlich dann, wenn die Spule eine genügend hohe Selbstinduktion hat. Solche Spulen heißen **Drosselspulen**. Durch unterteilte Eisenkerne (Erhöhung der Kraftlinienzahl) ist hier die Selbstinduktion auf einen sehr hohen Betrag gebracht.

Aus Gleichung (37b) folgt, daß in den Drosselspulen die Stromstärke um fast $\dfrac{\pi}{2}$ hinter der Spannung zurückbleibt, da der Ausdruck für $\operatorname{tg}\varphi$ einen verhältnismäßig großen Wert annimmt (Nenner klein im Verhältnis zum Zähler); der Strom erreicht seine Höchstwerte also immer $\dfrac{T}{4}$ Sek. später als die Spannung. Für hohe Frequenzen ist der Ohmsche Widerstand meistens zu vernachlässigen, so daß dann für den Widerstand ωL gesetzt werden kann. Diese Größe wird wohl als induktiver Widerstand bezeichnet.

Ähnlich ist die Einwirkung einer Kapazität auf den Wechselstrom. Schaltet man zwischen die Pole einer Wechselstromquelle einen Kondensator von etwa 100000 cm Kapazität, ein Hitzdrahtamperemeter und eine Glühbirne (Abb. 49), so beginnt die Lampe beim Schließen des Stromes zu leuchten, und das Hitzdrahtinstrument zeigt einen Strom an. Der Wechselstrom geht also scheinbar durch den Kondensator hindurch; bei Gleichstrom würde kein Stromdurchgang erfolgen.

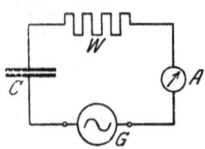

Abb. 49. Ohmscher Widerstand und Kapazität im Wechselstromkreis.

Der Vorgang erklärt sich so: die Wechselstrommaschine induziert eine bestimmte Spannung, dadurch lädt sich der Kondensator mit einer bestimmten Elektrizitätsmenge auf, die ihm durch die Zuleitung zugeführt wird. Da dieser Vorgang bei einer Frequenz 50 sich 100 mal in der Sekunde abspielt, geht so viel elektrische Energie durch den Leitungsdraht, daß die Lampe zum Glühen kommt. Bei Gleichstrom würde nur ein einmaliger Stromstoß beim Einschalten erfolgen.

In Abb. 50 bedeutet wieder die dick ausgezeichnete Kurve die Stromstärke, die der Gleichung (29)

$$J = J_0 \cdot \sin \frac{2\pi t}{T} = J_0 \cdot \sin \omega t$$

genügt. Während des Verlaufs von A bis B sei die linke Kondensatorplatte positiv, sie wird jetzt dauernd aufgeladen. Die aufgeladene Elektrizität sucht sich durch die Zuleitungen auszugleichen, also der Stromrichtung entgegen. Der Kondensator stellt eine gewisse Gegenspannung E_c dar, die in B ihren höchsten Wert und zwar einen Minuswert hat. Während des Stromverlaufs von B bis C tritt nun entgegengesetzte Aufladung ein, dabei setzen die aufgeladenen Mengen die noch von der früheren Aufladung her vorhandene Spannung beständig herunter und erzeugen schließlich, wenn die frühere Ladung ganz kompensiert ist, eine Spannung in entgegengesetzter Richtung, die bei C ihren Höchstwert erreicht. Die gestrichelte Linie in Abb. 50 gibt den Verlauf der Kondensatorspannung an. Soll nun der Strom durch diese Spannung nicht beeinflußt werden, so muß die Maschine außer der den Strom J nach dem Ohmschen Gesetz liefernden Spannung E' (dünn ausgezogen) noch eine Zusatzspannung $E_c' = -E_c$ zur Aufhebung der Gegenspannung E_c

Der Wechselstromwiderstand. 67

des Kondensators erzeugen (in der Abbildung strichpunktiert). Das ließe sich wie auf S. 63 wieder dadurch bewirken, daß

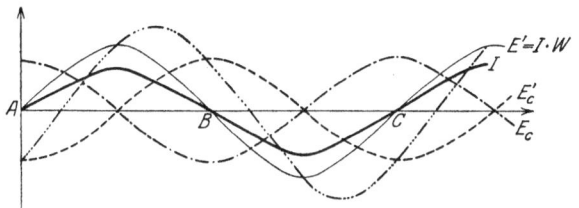

Abb. 50. Phasenverschiebung im Wechselstromkreis bei vorhandener Kapazität.

man auf dem Anker der idealen Maschine eine entsprechende Zusatzwickelung anbrächte, die diesmal gegen die Hauptwickelung um 90^0 zurückläge. Die Gesamtspannung der Maschine muß also sein

$$E = E' + E_c{}' = E' - E_c.$$

Wir können hier eine ganz ähnliche Berechnung ausführen, wie wir sie auf S. 64 gegeben haben. Wir nehmen wieder an, in der Leitung befänden sich Ohmscher Widerstand W und Kapazität C (in Farad) hintereinander geschaltet, und wir suchen nun die Form der Wechselspannung zu bestimmen, die den Strom $J = J_0 \cdot \sin \omega t$ liefert.

Es ist $E' = J \cdot W = J_0 W \cdot \sin \omega t$. Den Wert für E_c kann man nur mit Hilfe der Integralrechnung ableiten, er ist $\dfrac{J_0}{\omega C} \cos \omega t$[1]).

Somit ergibt sich $E = E' - E_c = J_0 \left(W \cdot \sin \omega t - \dfrac{1}{\omega C} \cdot \cos \omega t \right)$. Setzen wir wieder

$$W = R \cdot \cos \varphi, \qquad \frac{1}{\omega C} = R \cdot \sin \varphi,$$

so folgt wie auf S. 64

$$E = J_0 \cdot R \, (\cos \varphi \cdot \sin \omega t - \sin \varphi \cdot \cos \omega t)$$
$$= + J_0 \cdot R \cdot \sin (\omega t - \varphi) \ \ \ \ \ \ \ \ \ (39)$$

(vgl. Fußn. auf S. 64).

---

[1]) In der kleinen Zeit dt werde die Elektrizitätsmenge dQ aufgeladen; dann ist $dQ = J \cdot dt$, $Q = \int J \cdot dt = \dfrac{J_0}{\omega} \cdot \cos \omega t$. Nun ist nach (8) $\dfrac{Q}{E} = C$, $E = \dfrac{Q}{C} = -\dfrac{J_0}{\omega C} \cos \omega t$. Da es sich um eine Gegenspannung handelt, bekommt E_c den Wert $\dfrac{J_0}{\omega C} \cos \omega t$.

Hier ist
$$R = \sqrt{W^2 + \left(\frac{1}{\omega C}\right)^2}, \qquad \operatorname{tg} \varphi = \frac{1}{W \cdot \omega C} \cdot \cdot \quad (39\text{a, b})$$

Für die Scheitelwerte ergibt sich, und das wollen wir festhalten,

$$E_0 = J_0 \cdot \sqrt{W^2 + \left(\frac{1}{\omega C}\right)^2} \quad \ldots \ldots \quad (40)$$

Wieder sehen wir, daß der Wechselstromwiderstand beim Vorhandensein einer Kapazität in der Leitung größer ist als der Ohmsche Widerstand; aber wir sehen auch, daß der Ausdruck $\frac{1}{\omega C}$ für große C und große ω (d. h. große Frequenz) immer mehr der Null zustrebt. Dann bietet der Kondensator dem Strom fast gar keinen Widerstand. Ein hochfrequenter Wechselstrom geht also durch einen Kondensator hindurch, und zwar um so besser, je höher seine Frequenz ist. Der Ausdruck $\frac{1}{\omega C}$ wird als **kapazitiver Widerstand** bezeichnet.

Beispiel: Wie groß ist der Wechselstromwiderstand eines kleinen Blockkondensators, dessen Kapazität 2000 cm ist, bei der Frequenz 100000?

Hier ist $W = 0$, also $R = \dfrac{1}{\omega C} = \dfrac{1}{2\pi \cdot 100000 \cdot \dfrac{2000}{9 \cdot 10^{11}}}$

$$= \frac{9 \cdot 10^{11}}{2 \cdot 3{,}14 \cdot 100000 \cdot 2000}$$
$$= 730 \; \Omega.$$

Die Kapazität ist hier immer in Farad (S. 16) anzunehmen.

Im allgemeinen enthält jede Leitung Kapazität und Selbstinduktion, und zwar wirken beide in entgegengesetztem Sinne auf den Wechselstrom ein. Durch eine Überlegung, ähnlich der soeben angestellten, finden wir den Wechselstromwiderstand auch in diesem Falle. Es ist nämlich jetzt, wenn wir dieselben Bezeichnungen beibehalten wie oben,

$$\begin{aligned} E &= E' - E_s - E_c \\ &= J_0 \cdot W \cdot \sin \omega t + J_0 \cdot \omega L \cos \omega t - \frac{J_0}{\omega C} \cos \omega t \\ &= J_0 \cdot \left[W \cdot \sin \omega t + \left(\omega L - \frac{1}{\omega C} \right) \cdot \cos \omega t \right]. \end{aligned}$$

Der Wechselstromwiderstand.

Zur Vereinfachung setzen wir wie oben
$$W = R \cdot \cos \varphi,$$
$$\omega L - \frac{1}{\omega C} = R \cdot \sin \varphi,$$

wo $\operatorname{tg} \varphi = \dfrac{\omega L - \dfrac{1}{\omega C}}{W} = \dfrac{\omega^2 LC - 1}{\omega C \cdot W}$,

und erhalten
$$E = J_0 \cdot R (\sin \omega t \cdot \cos \varphi + \cos \omega t \cdot \sin \varphi)$$
$$= J_0 \cdot R \cdot \sin(\omega t + \varphi), \quad \ldots \ldots \ldots \quad (41)$$

wodurch wieder bewiesen ist, daß die zugrunde liegende Spannung eine Wechselspannung ist, die gegen den Strom eine Phasendifferenz hat. Für den Scheitelwert dieser Spannung ergibt sich
$$E_0 = J_0 \cdot R,$$

wo $\quad R = \sqrt{W^2 + \left(\omega L - \dfrac{1}{\omega C}\right)^2}. \quad \ldots \ldots \quad (42)$

Beispiel: Ein Wechselstromkreis enthalte eine Selbstinduktion von 0,3 Henry. Durch Zuschalten von Kondensatoren soll die Phasenverschiebung beseitigt werden. Wie groß muß die zuzuschaltende Kapazität genommen werden, wenn der Wechselstrom die Frequenz 1000 (Tonfrequenz) hat?

Nach S. 53 ist $\omega = 2\pi n$, also hier $= 2\pi \cdot 1000 = 6283$. Die Bedingung für das Verschwinden der Phasenverschiebung ist $\operatorname{tg} \varphi = 0$, also
$$\omega \cdot L - \frac{1}{\omega C} = 0 \quad \text{oder} \quad C = \frac{1}{\omega^2 L} = \frac{1}{4\pi^2 \cdot 3 \cdot 10^5} \text{ Farad} = \frac{9 \cdot 10^{11}}{4\pi^2 \cdot 3 \cdot 10^5} \text{ cm}$$
$$= \frac{3 \cdot 10^6}{4\pi^2} \text{ cm} \sim 7{,}5 \cdot 10^4 \text{ cm}.$$

Im Anschluß an dieses Beispiel drängt sich uns die Frage auf, ob der Fall $\omega L - \dfrac{1}{\omega C} = 0$ von Bedeutung ist für den Verlauf der Stromstärke. Da E_0, die von der Stromquelle gelieferte Spannung, konstant ist, muß in diesem Falle J_0 einen Höchstwert annehmen, und zwar wird
$$J_0 = \frac{E_0}{W}.$$

Hält man daher ω und L konstant und verändert C, so steigt die Stromstärke, sobald $\dfrac{1}{\omega C} = \omega L$ ist, zu sehr hohen Werten an. Man sagt dann: es tritt **Resonanz** ein. Über die dann geltenden Verhältnisse gibt das folgende Beispiel Aufschluß:

Beispiel: Eine Wechselstrommaschine von 500 Perioden, die eine Spannung von 800 Volt liefert, arbeitet auf einen Stromkreis, bei dem ein Ohmscher Widerstand von 5 Ω, eine Induktionsspule von 1 Henry Selbstinduktionskoeffizient und eine Kapazität C in Reihe geschaltet sind.

Die Kapazität C, bei der Resonanz eintritt, errechnet sich nach der Formel $C = \dfrac{1}{\omega^2 L}$ Farad zu $\dfrac{1}{3140^2}$ Farad $= 10^{-7}$ Farad. Der Maximalstrom wird nun $J_0 = \dfrac{800}{5} = 160$ Amp. Die Spannung E_s, die an den Enden der Induktionsspule auftritt, erreicht den Wert $E_s = \omega L J_0 = 3140 \cdot 160 = 500\,000$ Volt. Zu dem gleichen Betrage wächst die Spannung E_c an den Belegungen des Kondensators an, während die Klemmenspannung E_0 nach wie vor 800 Volt ist. Man ersieht hieraus, wie verhängnisvoll die Resonanz für die Leitung und den Kondensator werden kann.

Für spätere Ausführungen (S. 141) wichtig ist auch noch der Fall, daß der Kondensator parallel zur Selbstinduktion liegt. (Abb. 51.) Da hier die Spannungen an den Enden der beiden parallel geschalteten Widerstände gleich der Klemmenspannung der Stromquelle sind, verhalten sich die beiden Stromkreise so, als ob jeder für sich allein vorhanden wäre. Wir können daher

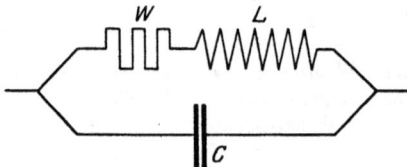

Abb. 51. Kondensator parallel zu einem Selbstinduktionskoeffizienten.

die Formeln 37) bis 40) anwenden. Bezeichnen wir mit φ_1 die Phasenverschiebung, die durch den Selbstinduktionskoeffizienten L hervorgerufen wird, ferner mit J_1 und J_2 die Momentanwerte der Stromstärken in den beiden Kreisen, so ergibt sich

$$J_1 = \frac{E_0 \cdot \sin(\omega t - \varphi_1)}{\sqrt{W^2 = \omega^2 L^2}}; \qquad \operatorname{tg} \varphi_1 = \frac{\omega L}{W}$$

$$J_2 = \omega \cdot C \cdot E_0 \cdot \cos \omega t.$$

Der Gesamtstrom J ist jetzt die Summe der Teilströme, also

$$J = J_1 + J_2 = E_0 \left[\frac{\sin(\omega t - \varphi_1)}{\sqrt{W^2 + \omega^2 L^2}} + \omega C \cos \omega t \right]$$

$$= E_0 \left[\frac{\cos \varphi_1}{\sqrt{W^2 + \omega^2 L^2}} \sin \omega t - \left(\frac{\sin \varphi_1}{\sqrt{W^2 + \omega^2 L^2}} - \omega C \right) \cos \omega t \right]$$

Der Wechselstromwiderstand.

Setzen wir nun wieder, ähnlich wie auf S. 64,

$$\frac{\cos \varphi_1}{\sqrt{W^2 + \omega^2 L^2}} = P \cdot \cos \varphi,$$

$$\frac{\sin \varphi_1}{\sqrt{W^2 + \omega^2 L^2}} - \omega C = P \cdot \sin \varphi,$$

so folgt durch Quadrieren und darauf folgendes Addieren dieser beiden Hilfsgleichungen

$$P^2 = \frac{1}{R^2} = \frac{\omega^2 C^2 \left[W^2 + \left(\omega L - \frac{1}{\omega C}\right)^2 \right]}{W^2 + \omega^2 L^2}$$

also

$$R = \frac{\sqrt{W^2 + \omega^2 L^2}}{\omega C \sqrt{W^2 + \left(\omega L - \frac{1}{\omega C}\right)^2}} \quad \ldots \ldots \quad (43\,\text{a})$$

Ebenso ergibt sich durch Division der zweiten Hilfsgleichung durch die erste

$$\operatorname{tg} \varphi = \frac{\omega [L - C (W^2 + \omega^2 L^2)]}{W} \quad \ldots \quad (43\,\text{b})$$

Mit Hilfe der beiden Hilfsgleichungen erhalten wir für die Stromstärke in den Zuführungen die Beziehung

$$J = \frac{E_0 \cdot (\sin \omega t \cdot \cos \varphi - \cos \omega t \cdot \sin \varphi)}{R}$$

$$= \frac{E_0 \cdot \sin (\omega t - \varphi)}{R} \quad \ldots \ldots \ldots \ldots \ldots \quad (43)$$

Die Amplitude J_0 erreicht hier den kleinsten Wert, wenn der Ausdruck R am größten wird. Das ist aber der Fall, wenn $\omega L - \frac{1}{\omega C} = 0$, und zwar wird dann

$$R = \sqrt{\frac{W^2 + \omega^2 L^2}{\omega^2 \cdot C^2 \cdot W^2}}$$

$$= \sqrt{\frac{\frac{W^2}{\omega^2} + L^2}{C^2 \cdot W^2}}$$

Bei hohen Frequenzen und kleinem Ohmschen Widerstande kann man den Ausdruck $\frac{W^2}{\omega^2}$ gegenüber den anderen Summanden vernachlässigen und erhält dann den Wert

$$R = \frac{L}{C \cdot W} \qquad \ldots \ldots \ldots (44)$$

Diesen Wert nimmt also der in Abb. 51 gezeichnete Kreis für hohe Frequenzen bei kleinen Widerständen an.

In dem Falle, wo Ohmscher Widerstand, Selbstinduktion und Kapazität in Reihenschaltung in der Wechselstrombahn vorhanden sind, werden durch den Strom zwei elektromotorische Gegenkräfte erzeugt, deren Werte wir oben mit E_s und E_c bezeichnet haben. Beide wirken in entgegengesetztem Sinne auf den Strom ein. Für unsere Ausführungen hat folgender Fall Interesse, über den der Leser schon hier ein wenig nachdenken möge: Der Ohmsche Widerstand sei so gering, daß wir ihn vernachlässigen können; Kapazität, Selbstinduktion und Frequenz seien so gewählt, daß die Selbstinduktionsspannung E_s der Kondensatorspannung E_c das Gleichgewicht hält, daß also $E_s = -E_c$. Was wird nun eintreten, wenn wir einen einmaligen Stromstoß in die Leitung schicken? Die Beantwortung dieser Frage findet der Leser auf S. 78 (F. u. T. S. 29—34).

Wir haben auf S. 36 und 42 kurz auf die gebräuchlichsten Meßinstrumente für Stromstärke und Spannung hingewiesen; das dort Gesagte galt zunächst für Gleichstrom. Wir haben darum noch einiges zu ergänzen. Bei dem Drehspuleninstrument wechselt mit der Stromrichtung auch die Richtung des Ausschlags des Zeigers, so daß dieser bei den üblichen Frequenzen infolge seiner Trägheit den Stromschwankungen nicht zu folgen vermag. Das Drehspuleninstrument spricht darum auf Wechselstrom nicht an. Anders das Weicheisen- und das Hitzdrahtinstrument. Bei letzterem ist ohne weiteres klar, daß die Wärmeenergie, auf die der Zeiger (s. Abb. 20) reagiert, proportional der Größe J^2 ist, daß also der Ausschlag des Zeigers von der Richtung, in der der Strom fließt, unabhängig ist. Aber auch für die Weicheiseninstrumente treffen diese Ausführungen zu, denn der feste und der bewegliche Eisenkern stoßen sich mit einer Kraft ab, die dem Produkt der Polstärken proportional ist. Letztere sind aber wieder der Stromstärke proportional, so daß also die abstoßende Kraft genau wie oben dem Quadrat der Stromstärke proportional und von der Stromrichtung unabhängig ist. Das zuverlässigste

Der Wechselstromwiderstand. 73

Meßinstrument für Wechselstrom ist das **Elektrodynamometer** von W. v. Siemens. In ihm sind zwei Drahtrahmen, ein fester und ein beweglicher, senkrecht zueinander so angeordnet, daß der bewegliche um eine gemeinsame Achse drehbar ist. Durch eine Torsionsfeder wird die bewegliche Spule in einer Gleichgewichtslage gehalten. Fließt nun in den beiden Spulen, die entweder parallel oder hintereinander geschaltet sind, der zu messende Wechselstrom, so wird durch die sich bildenden Magnetfelder ein Drehmoment erzeugt; die Windungsteile, in denen der Strom gleiche Richtung hat, suchen sich anzuziehen, während Windungsteile mit entgegengesetzter Stromrichtung sich abstoßen. Dabei spielt wieder die Richtung des Stromes offenbar gar keine Rolle, da der Strom und damit das Magnetfeld in beiden Spulen gleichzeitig seine Richtung wechselt. Das Instrument läßt sich mit Gleichstrom eichen.

Die soeben beschriebenen Meßinstrumente für Wechselstrom geben nur einen Mittel- oder Effektivwert[1]) der Stromstärke oder Spannung an, der erhalten wird, wenn man den Scheitelwert durch $\sqrt{2}$ teilt (Anm.). Es ist also

$$J_{\text{eff}} = \frac{J_0}{\sqrt{2}} = \frac{1}{2} J_0 \cdot \sqrt{2}$$

und
$$E_{\text{eff}} = \frac{E_0}{\sqrt{2}} = \frac{1}{2} E_0 \cdot \sqrt{2}\,.$$

---

[1]) Unter dem Effektivwert J_{eff} des Wechselstromes verstehen wir streng genommen einen Stromwert, der gleichmäßig fließend in der Zeit T dieselbe Wärmemenge erzeugt oder dieselbe Arbeit leistet wie der Wechselstrom in dieser Zeit. Ist J_{eff} dieser Wert, so gilt nach (S. 47)

$$J_{\text{eff}}^2 \cdot W \cdot T = \int_0^T J^2 \cdot W \cdot dt$$

oder
$$J_{\text{eff}} = \sqrt{\frac{1}{T} \int_0^T J_0^2 \cdot \sin^2(\omega t)\, dt} = \sqrt{\frac{J_0^2}{T \cdot \omega} \int_0^T \sin^2(\omega t) \cdot d(\omega t)}$$

$$= J_0 \cdot \sqrt{\frac{1}{2\pi} \int_0^{2\pi} \sin^2 \alpha \, d\alpha} = J_0 \cdot \sqrt{\frac{1}{2\pi} \left| \frac{1}{2}(\alpha - \sin \alpha \cdot \cos \alpha) \right|_0^{2\pi}}$$

$$= J_0 \cdot \sqrt{\frac{1}{2}} = 0{,}707 \cdot J_0\,.$$

Ganz ähnlich findet man den Effektivwert der Spannung

$$E_{\text{eff}} = E_0 \cdot \sqrt{\frac{1}{2}} = 0{,}707 \cdot E_0\,.$$

Das Elektrodynamometer ist noch aus einem anderen Grunde besonders wichtig. Um die Leistung eines Gleichstromes festzustellen, genügt eine Stromstärke- und Spannungsmessung, da die Leistung das Produkt der beiden Werte ist. Nicht ganz so einfach ist die Ermittelung der Leistung eines Wechselstromes; sie ist, wie die Rechnung in der Fußnote zeigt[1]), auch noch von dem Phasenwinkel φ abhängig. Die Arbeitsleistung während einer Periode T ist (s. Anm.)

$$A = \frac{1}{2} E_0 \cdot J_0 \cdot \cos \varphi \cdot T,$$

wo E_0 und J_0 die Scheitelwerte der Spannung und der Stromstärke bedeuten. Das als Leistungs- oder Wattmesser zu benutzende Elektrodynamometer wird nach Art der Abb. 52 eingeschaltet; man schickt durch die feste, mit wenigen Windungen dicken Drahtes versehene Spule den Hauptstrom und durch die bewegliche Spule unter Vorschaltung eines Widerstandes einen Strom, der der Spannung proportional ist. Die Direktionskraft ist dann direkt proportional dem Produkt Stromstärke mal Spannung.

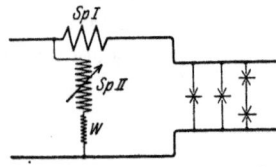

Abb. 52. Schaltung des Elektrodynamometers als Leistungsmesser.

Mit der auf S. 41 beschriebenen Brückenanordnung kann man eine unbekannte Selbstinduktion oder Kapazität messen, wenn man eine bekannte Selbstinduktion oder

---

[1]) Die Stromarbeit für die unendlich kleine Zeit dt ist $dA = E \cdot J \cdot dt$ $= E_0 \cdot \sin \omega t \cdot J_0 \cdot \sin(\omega t - \varphi) \cdot dt$, wo φ der Phasenwinkel. A findet man durch Integration über eine Periode T. Es ist also

$$A = \int_0^T E_0 \cdot J_0 \sin \omega t \cdot \sin (\omega t - \varphi) \cdot dt = E_0 J_0 \int_0^T \sin \omega t \cdot \sin (\omega t - \varphi) \, dt.$$

Den Ausdruck unter dem Integralzeichen formen wir mit Hilfe der Beziehung $2 \sin x \cdot \sin y = \cos (x - y) - \cos (x + y)$ etwas um; wir setzen

$$\sin \omega t \cdot \sin (\omega t - \varphi) = \frac{1}{2} [\cos \varphi - \cos (2 \omega t - \varphi)] \, [\omega t = x, \omega t - \varphi = y]$$

und erhalten

$$A = \frac{1}{2} E_0 \cdot J_0 \cdot T \cdot \cos \varphi - \frac{1}{2} \frac{E_0 J_0}{2 \omega} \cdot \Big[\sin (2 \omega t - \varphi)\Big]_0^T.$$

Setzt man die Grenzen ein, so ergibt sich, weil $\sin (2 \omega T - \varphi) = \sin(-\varphi)$,

$$A = \frac{1}{2} E_0 \cdot J_0 \cdot T \cdot \cos \varphi.$$

Kapazität zur Verfügung hat. Die Anordnung ist der a.a.O. beschriebenen durchaus ähnlich. Statt der dort benutzten Gleichstromquelle ist hier ein kleiner Wechselstromgenerator zu verwenden. Die Feststellung des Minimums geschieht durch Abhören mit dem Fernhörer.

Für die Feststellung des Selbstinduktionskoeffizienten ist noch folgendes zu bemerken: Es seien W_3 und W_4 zwei induktionsfreie Widerstände, die auf ihre Selbstinduktion zu vergleichenden Spulen sollen die Ohmschen Widerstände W_1 und W_2 und die Selbstinduktionskoeffizienten L_1 und L_2 haben (Abb. 53). Damit die Brücke stromlos ist, müssen C und D gleiche Phase und gleichen Spannungsunterschied haben. Letzteres führt wieder auf die S. 41 erhaltene Bedingung

$$W_1 : W_2 = W_3 : W_4 \qquad \text{(a)}$$

In dem Stromkreis über C erfolgt die Phasenverschiebung nach 37 b) (S. 64) gemäß der Beziehung $\operatorname{tg} \varphi_1 = \dfrac{\omega L_1}{W_1 + W_3}$, in dem Stromzweig über D $\operatorname{tg} \varphi_2 = \dfrac{\omega L_2}{W_2 + W_4}$. Phasengleichheit ist vorhanden, wenn $\dfrac{\omega L_1}{W_1 + W_3} = \dfrac{\omega L_2}{W_2 + W_4}$, oder $L_1 : L_2 = (W_1 + W_3) : (W_2 + W_4)$. Da aber nach a) $(W_1 + W_3) : (W_2 + W_4) = W_3 : W_4$, folgt

$$L_1 : L_2 = W_3 : W_4 \qquad \text{(b)}$$

Die technische Ausführung muß die Möglichkeit der gleichzeitigen Feststellung der Bedingungen a) und b) bieten. Die Ohmschen Widerstände W_1 und W_2 der Spulen müssen daher den Widerständen W_3 und W_4 proportional gemacht werden können, was durch abgleichbare Zusatzwiderstände geschieht. Man rüstet daher die Brücke mit zwei Meßdrähten aus (Abb. 54). Die Widerstände W_3 und W_4 sind den Drahtlängen l_1 und l_2 proportional. Die Widerstände W_1 und W_2 der Spulen werden dadurch den Widerständen W_3 und W_4 proportional gemacht, daß man den Wechselstrom (etwa aus einem Summerumformer) nicht sofort in die zu vergleichenden Spulen, sondern zunächst über einen zweiten Schleifkontakt in einen dünnen Widerstandsdraht leitet, dessen Widerstand durch Zuschaltung von Widerständen nach der einen oder anderen Seite noch vermehrt werden kann.

Man sucht nun durch Probieren zunächst eine Stellung des Kontaktes B zu ermitteln, bei der überhaupt ein merkliches

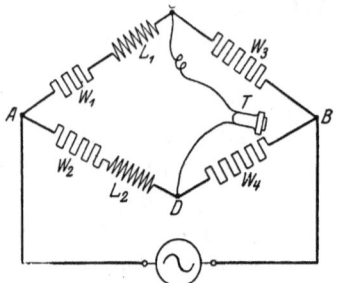

Abb. 53. Messung eines Selbstinduktionskoeffizienten.

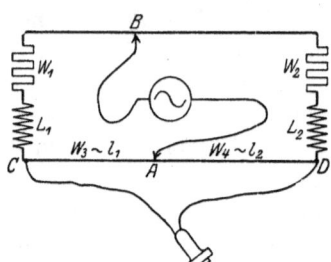

Abb. 54. Prinzipielle Ausführung zu Abb. 51.

Minimum der Tonstärke im Telephon auftritt, wenn man den Kontakt A auf CD verschiebt. Man probiert dann, ob sich das Minimum durch Verstellen des Kontaktes B nicht noch verbessern läßt usw., bis das Minimum scharf ist.

Voraussetzung ist bei dieser Methode, daß man schon einen Selbstinduktionskoeffizienten zum Vergleich zur Verfügung hat. Einen solchen muß man sich durch Berechnung (etwa nach Formel (36)) beschaffen.

Ganz ähnliche Überlegungen gelten bei der Messung von Kapazitäten (Abb. 55). Die Brücke ist wieder stromlos, wenn

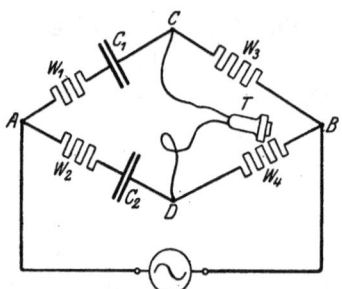

Abb. 55. Zur Bestimmung einer Kapazität.

C und D keinen Potentialunterschied haben, d. h. wenn der Spannungsabfall von A nach C gleich dem von A nach D ist, und wenn gleichzeitig die Phasen in C und D gleich sind. Das führt hier wie oben auf die Bedingungen

$$W_1 : W_2 = W_3 : W_4 \quad . . \text{ (c)}$$

und $\quad C_2 : C_1 = W_3 : W_4 \quad . . \text{ (d)}$

W_1 und W_2 sind die Ohmschen Widerstände der auf ihre Kapazität zu untersuchenden Leiter (Kondensatoren), C_1 und C_2 ihre Kapazitäten, W_3 und W_4 sind die Vergleichswiderstände (Meßdraht). Da es auf W_1 und W_2 meistens nicht ankommt, braucht man nur Gleichung (d) und kommt dann mit der Ausführungsform der Abb. 26 zum Ziele. Als Vergleichskapazität nimmt man einen geeichten Drehkondensator oder einen anderen Kondensator von bekannter Kapazität.

Abb. 56 zeigt die technische Ausführung einer Universalmeßbrücke nach Kohlrausch, die von der Firma Hartmann & Braun A.-G., Frankfurt a. M., hergestellt wird. Oben links ist

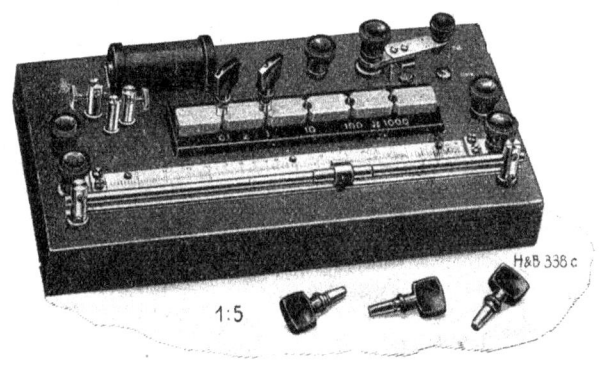

Abb. 56. Brücke zur Messung des Selbstinduktionskoeffizienten und der Kapazität nach Kohlrausch (Hartmann & Braun).

auch der kleine Funkeninduktor sichtbar; der aus einer Batterie zu entnehmende Strom wird durch den Wagnerschen Selbstunterbrecher (auch Neefscher Hammer genannt) zerhackt und erzeugt dann in der sekundären Spule infolge der Induktionswirkung im Rhythmus der Unterbrechung Stromstöße, die wie ein Wechselstrom wirken und die Membran des Hörers zum Schwingen erregen.

9. Elektromagnetische Schwingungen.

In einem geladenen Kondensator, etwa in einer Leydener Flasche, sind auf der einen Belegung so viel überschüssige Elektronen vorhanden wie den positiven Atomen oder Ionen auf der andern fehlen (S. 5). Werden nun die beiden Belegungen mit zwei Leitern (etwa mit Hartgummi isolierten Drähten), die einander nahe gebracht werden können, verbunden, so springt bei genügend hoher Spannungsdifferenz zwischen den Drahtenden, bevor sie sich berühren, ein elektrischer Funke über, es findet eine elektrische Entladung statt. Feddersen stellte fest, daß die Entladungsdauer bei großem Widerstande des Schließungskreises mit dem Widerstande wächst. Eine photographische Aufnahme des Funkenbildes (man photographiert das auseinandergezogene Funkenbild in einem sehr schnell rotierenden Spiegel) zeigt, daß der Funke aus mehreren Einzelfunken besteht, die nacheinander auftreten. Das ist auch ohne weiteres einleuchtend. Wenn die erforderliche Spannung an der Unterbrechungsstelle erreicht ist, wird der Ausgleich der positiven und negativen Elektrizität durch den Funken eingeleitet, dadurch sinkt die Spannung an den Belegungen, der Elektronendruck läßt nach. Nunmehr gewinnen aber die auf den Belegungen noch vorhandenen Elektronen Zeit zum Nachdrängen, wodurch die Spannung wieder ansteigt, zwar nicht zum ursprünglichen Betrage, aber doch so weit, daß in der vom ersten Male her noch besser leitenden Funkenbahn ein zweiter Funkenübergang erfolgt usw. Schließlich ist der Ladungsrückstand nicht mehr so groß, daß noch ein Funke entsteht.

In weiterer Verfolgung seiner Versuche stellte Feddersen fest, daß zwar die Entladungsdauer mit abnehmendem Widerstande abnimmt; aber nur bis zu einem Minimalwert. Läßt man nun den Widerstand noch weiter abnehmen, so gewinnt man ein ganz anderes Funkenbild. Abb. 57 zeigt das von Feddersen

Abb. 57. Funkenbild von Feddersen.

aufgenommene Funkenbild, dabei ist die Funkenstrecke in der Zeichenebene senkrecht zur Bandrichtung zu denken. Das Bild zeigt, daß der Funke jetzt einen Schwingungsvorgang oder eine Oszillation darstellt. Das helle Ende des Bandes entspricht dabei immer dem negativen Pol, der abwechselnd oben und unten erscheint. In diesem Falle müssen also die beiden Kondensatorbelegungen abwechselnd positiv und negativ elektrisch werden. Die Energie pendelt gewissermaßen zwischen den beiden Belegungen hin und her. Ähnliche Erscheinungen sind dem Leser

Elektromagnetische Schwingungen. 79

gewiß aus der Natur schon bekannt (Schwingungen eines Pendels, Auf- und Abwogen der Wassermassen in einem angestoßenen Wasserbehälter). Wir wollen hier bei einem Vorgang, den ich im folgenden zum Vergleich heranziehen werde, einen Augenblick verweilen, bei den Schwingungen des Pendels einer Uhr.

Wir nennen eine Hin- und Herbewegung des Pendels, wie sie in Abb. 58 erläutert ist, eine Schwingung. Die zu einer Schwingung gebrauchte Zeit heißt Schwingungsdauer oder Periode und werde mit T bezeichnet, die Anzahl der Schwingungen in der Sekunde oder der Wert $\nu = \dfrac{1}{T}$ Schwingungszahl oder Frequenz. Der Weg von der Ruhelage bis zu dem Punkte größter Ausweichung nach rechts oder links wird als Schwingungsweite oder Amplitude bezeichnet.

Gewöhnlich sind die Amplituden bei einer normalgehenden Uhr gleich. Zeichnet man die Bewegung, ähnlich wie es in Abb. 36 mit der Wechselspannung geschehen ist, graphisch als Funktion der Zeit auf, so entsteht die in Abb. 58 angegebene Kurve (die Zeitachse ist hier im Gegensatz zu Abb. 35 in der Längsrichtung gezeichnet). Eine Pendelschwingung mit gleichbleibender Amplitude heißt ungedämpft.

Sobald die Uhr abgelaufen ist, führt das Pendel eine Schwingungsbewegung aus, bei der die Amplituden fortgesetzt abnehmen. Diesen Fall, den wir als gedämpfte Schwingung bezeichnen wollen, gibt Abb. 59, in der die Bewegung auch gleichzeitig als Funktion der Zeit aufgezeichnet ist, wieder. Die Dämpfung ist auf die energieverzehrenden

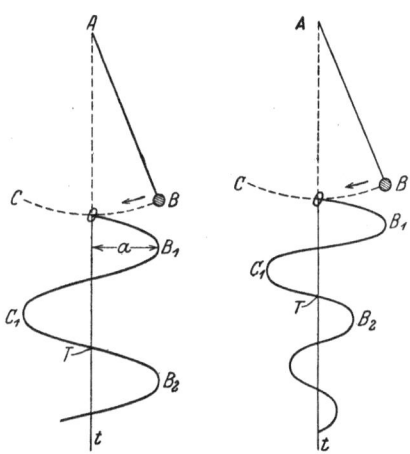

Abb. 58. Ungedämpfte Pendelschwingungen.   Abb. 59. Gedämpfte Pendelschwingungen.

Einwirkungen zurückzuführen (Reibungswiderstand, Widerstand der Luft). Je mehr es gelingt, die dämpfenden Einflüsse zu beseitigen, desto mehr geht die gedämpfte Bewegung in die ungedämpfte über.

Auch wenn die Uhr aufgezogen ist, geht ein bestimmter Bruchteil der Bewegungsenergie des Pendels bei jeder Hin- und Herbewegung verloren; aber nun wirkt im Rhythmus der Schwingung eine äußere Kraft, die Spannung der Feder oder ein Gewicht auf das Pendel ein und ersetzt ständig den Energieverlust, so daß die Dämpfung aufgehoben wird.

Wenn die hemmenden Einflüsse so groß sind, daß eine Schwingung nicht mehr zustande kommt, spricht man von einer **aperiodischen Bewegung**. Dieser Fall könnte z. B. eintreten, wenn wir das Pendel in einem Mittel aufhängen würden, das einen weit größeren Reibungswiderstand böte als die Luft, etwa in Öl. Das Pendel würde dann zwar in die Ruhelage zurücksinken, würde aber keine eigentlichen Schwingungen ausführen.

Wir unterscheiden hiernach drei Fälle:

1. **aperiodische Bewegung**,

2. **freie oszillatorische** oder **schwingende Bewegung** und zwar

a) **gedämpft**,

b) **ungedämpft** (Grenzfall, der praktisch nie ganz zu verwirklichen ist),

3. durch eine periodisch wirkende äußere Kraft **erzwungene oszillatorische Bewegung**.

Zu diesem letzten Fall mag noch ein Beispiel aus dem Leben angeführt werden, das Läuten der Glocke durch den Küster. Hier wird der nicht zu vermeidende Energieverlust durch die Kraft des Küsters dauernd wieder ausgeglichen. Wir haben also ein **schwingungsfähiges System mit Dämpfung, dessen Dämpfungsverluste durch eine periodisch wirkende äußere Kraft ausgeglichen werden**. Es ist einleuchtend, daß diese Kraft um so geringer sein kann, je mehr die Periode der periodisch wirkenden Kraft mit der Periode oder Schwingungsdauer des Systems, hier der Glocke, übereinstimmt, wie jeder aus eigener Erfahrung weiß, der einmal die Arbeit des Küsters in einem falschen Rhythmus ausgeführt hat. Zieht man in dem Rhythmus etwa, in dem die Glocke frei schwingt, am Strang, so kann man durch geringen Kraftaufwand weiteste Ausschläge erzielen.

Elektromagnetische Schwingungen. 81

Kehren wir nun wieder zu unseren elektrischen Entladungen zurück, so sehen wir, daß sie dem Fall 2 (freie Schwingungen) analog sind. Wir wollen bei der näheren Betrachtung die Bedingungen des Versuches etwas übersichtlicher anordnen; wir denken uns zu einem Kreise angeordnet einen Kondensator C, eine Selbstinduktionsspule L und eine Funkenstrecke F, so wie es Abb. 60 zeigt. Eine einfache Funkenstrecke besteht aus zwei einander gegenüberstehenden Kugeln aus Zink.

Der Kondensator werde nun durch eine Elektrizitätsquelle (Funkeninduktor, Elektrisiermaschine) aufgeladen, bis bei F ein Funke überspringt. Einen Augenblick nach dem Übertritt des Funkens ist die Funkenbahn noch verhältnismäßig gut leitend. Es sei die obere Belegung positiv, die untere negativ aufgeladen. Jetzt geht der Funke über, die elektrische Energie, die im Kondensator aufgespeichert war, geht nun durch die Selbstinduktionsspule L. Hier entsteht jetzt ein kräftiges Magnetfeld, die elektrische Energie verwandelt sich also in magnetische Energie. Falls die mit dem Pfeil bezeichneten Windungsteile vorn sind, gehen nach der Flemmingschen Regel (S. 32) die Kraftlinien von unten nach oben durch das Innere der Spule. Nachdem

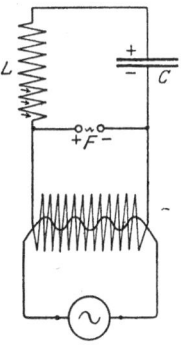

Abb. 60.
Schwingungskreis.

der Ausgleich erfolgt ist, bricht das Magnetfeld wieder zusammen; die Kraftlinien treten in den Leiter zurück, schneiden ihn und erzeugen nach der Dreifingerregel der rechten Hand oder nach den Ausführungen auf S. 54 über die Selbstinduktion einen Induktionsstrom, der den ursprünglichen Strom aufrechtzuerhalten sucht, d. h. das zusammenbrechende Magnetfeld setzt sich in elektrische Energie um, und die elektrische Energie fließt jetzt in derselben Richtung weiter, also von der oberen zur unteren Belegung, wodurch jetzt diese positiv wird. Der Kondensator ist nun in entgegengesetztem Sinne geladen. Jetzt entlädt er sich von neuem durch die Funkenstrecke usw. Es findet also fortgesetzt Umwandlung der elektrischen Energie des Kondensators in magnetische und Umwandlung der magnetischen Energie in elektrische statt, bis die Gesamtenergie durch Dämpfung verzehrt ist. Die in Abb. 60 abgebildete Anordnung heißt **Thomsonscher Schwingungskreis**, der Vorgang **elektrische Schwingung**.

Es wird nützlich sein, auf die Übereinstimmung mit der Pendelschwingung hinweisen. Auch beim Pendel vollzieht sich eine periodische Umwandlung einer Energieform in eine andere. Wir entfernen das Pendel aus seiner Ruhelage, dabei wird die Pendelkugel ein wenig gehoben, sie hat jetzt einen gewissen Betrag an **Energie der Lage oder an potentieller Energie**. Lassen wir nun die Kugel los, so setzt sich die Energie der Lage in **Bewegungsenergie oder in kinetische Energie** um, die in dem Moment, wo das Pendel die Ruhelage passiert, wo also die potentielle Energie verzehrt ist, ihren höchsten Betrag erreicht. Nun treibt die vorhandene Bewegungsenergie das Pendel in derselben Richtung weiter, wobei sie sich selbst verzehrt und in potentielle Energie zurückverwandelt. Darauf erfolgt derselbe Vorgang in entgegengesetzter Richtung. Sowie hier periodische Umwandlung von potentieller in kinetische Energie und umgekehrt stattfindet, handelt es sich beim Thomsonschen-Schwingungskreis um eine wechselseitige periodische Umwandlung von elektrischer und magnetischer Energie (F. u. T. S. 34, 35).

Für unsere weiteren Untersuchungen ist der Begriff der **Schwingungsdauer oder Periode** äußerst wichtig, und damit kämen wir zur Beantwortung der auf S. 72 gestellten Frage. Nun, die dort beschriebene Anordnung ist nichts anderes als der Thomsonsche Schwingungskreis. Die dort angegebene Bedingung löst unser Problem. Es muß demnach im Falle des Thomsonschen Schwingungskreises

$$E_c = -E_s$$

oder, da nach S. 58 $\quad E_s = -\omega \cdot L \cdot J_0 \cdot \cos \omega t$

und nach S. 67 Anm. $\quad E_c = \dfrac{J_0}{\omega C} \cdot \cos \omega t$ ist,

$$\frac{J_0}{\omega C} \cdot \cos \omega t = \omega \cdot L \cdot J_0 \cdot \cos \omega t,$$

d. h.
$$\frac{1}{\omega C} = \omega L$$

sein. Da nun $\omega = \dfrac{2\pi}{T}$ (S. 53), muß

$$\frac{T}{2\pi C} = \frac{2\pi L}{T}$$

Elektromagnetische Schwingungen. 83

oder
$$T^2 = 4\pi^2 L \cdot C$$
$$T = 2\pi \sqrt{L \cdot C} \quad \ldots \ldots \ldots \quad (45)$$

Hier ist L in Henry, C in Farad, T in Sekunden zu messen. Die soeben abgeleitete Formel heißt die Thomson-Kirchhofsche Schwingungsformel; sie ist der fürs Pendel geltenden $T = 2\pi\sqrt{\dfrac{l}{g}}$ in ihrem Bau nicht unähnlich, was der Leser nunmehr ganz natürlich finden wird. Der umgekehrte Wert von T, also der Wert $\dfrac{1}{T}$ heißt Frequenz des Schwingungskreises; wir wollen sie mit ν bezeichnen, so daß

$$\nu = \frac{1}{T} = \frac{\cdot\, 1}{2\pi\sqrt{L \cdot C}}.$$

Durch den Wert der Kapazität und der Selbstinduktion ist T und daher ν stets bestimmt; sehr hohe Frequenzen erreicht man durch sehr kleine Kapazitäts- und Selbstinduktionsbeträge.

Beispiel: Wie groß ist die Frequenz eines Schwingungskreises, wenn $L = 325\,000$ cm und $C = 54\,000$ cm sind?

Hier ist zunächst die Umrechnung in die technischen Einheiten auszuführen. Es ist $L = 0{,}000325$ Henry und $C = \dfrac{54\,000}{9 \cdot 10^{11}}$ Farad $= 0{,}00000006$ also $T = 2\pi \sqrt{0{,}000325 \cdot 0{,}00000006} = 0{,}00008792$ Sek. und $\nu = 11\,375$. (Beispiele s. F. und T. S. 36—43).

Der hier behandelte Vorgang würde dem Fall 2 des vorhin angeführten Beispiels (freie Schwingungen) entsprechen. Wodurch wird denn nun im Thomsonschen Schwingungskreis die Dämpfung erzeugt? Zunächst käme hier der nie ganz zu beseitigende Ohmsche Widerstand, durch den die Energie in ausstrahlbare Wärme umgesetzt wird, in Frage, dann aber auch Verluste infolge von Wirbelströmen in der Leitung, ferner mangelhafter Isolierung, magnetische Verluste durch vorhandene Eisenmassen, dielektrische Verluste usw. Je mehr die dämpfenden Momente zurücktreten, desto mehr nähert sich dieser Fall dem der ungedämpften Schwingungen[1]) (F. u. T. S. 44).

---

[1]) Dem Begriff der Dämpfung liegt die Vorstellung einer Ursache der Scheitelwertabnahme (Amplitudenabn.) der Schwingungen zugrunde. Die Größe der Dämpfung wird entweder durch das Verhältnis zweier aufeinander

Ist der Widerstand über einen bestimmten Betrag groß, dann verläuft der Vorgang aperiodisch, es kommen keine Schwingungen zustande. Das ist, wie eine über den Rahmen dieses Buches hinausgehende Rechnung erweisen würde[1]), der Fall, wenn $W > \dfrac{4L}{C}$ (Fall 1 des obigen Beispiels). Ein Beispiel dafür haben wir zu Anfang dieses Kapitels gebracht (aperiodische Entladung einer Leydener Flasche). Der 3. Fall des oben angeführten Beispiels (erzwungene Schwingungen durch eine von außen einwirkende periodische Kraft) kann auch hier eintreten. Diesen Fall würden wir z. B. haben, wenn wir die beiden Kondensatorbelegungen eines Thomsonschen Schwingungskreises ohne Funkenstrecke mit den Polen einer Wechselstrommaschine verbinden würden, deren Frequenz ungefähr mit der Frequenz des Schwingungskreises übereinstimmt.

Für jeden Schwingungskreis mit feststehender Selbstinduktion und Kapazität ist die Frequenz eine feststehende Größe $\nu = \dfrac{1}{2\pi\sqrt{L \cdot C}}$. Um die Frequenz einstellen zu können, müssen Selbstinduktion oder Kapazität oder beide in bestimmten Grenzen veränderlich sein.

Bei dem Thomsonschen Schwingungskreis handelt es sich um eine gewisse Wechselwirkung zwischen elektrischen und magnetischen Kraftlinien. Ordnet man nun einen zweiten Schwingungskreis so an, daß seine Selbstinduktion von den magnetischen oder sein Kondensator von den elektrischen Kraftlinien des ersten Kreises geschnitten wird, oder daß beide einen Teil des Leitungsdrahtes gemeinsam haben, so spricht man von einer Kopplung der beiden Kreise, weil durch besagte Anordnung der erste Kreis den zweiten zu Schwingungen erregt. Das erregende System

---

folgender Amplituden oder durch die Dämpfungsziffer oder durch das Dekrement der Dämpfung angegeben. Sind A_1 und A_2 zwei aufeinander folgende Amplituden, so ist, was hier ohne Beweis angeführt werden muß,

$$\dfrac{A_1}{A_2} = e^{\frac{W}{2L}T} = e^{\delta T} = e^{\mathfrak{b}} \; ; \quad \delta \text{ ist die Dämpfungsziffer, } \mathfrak{b} = ln\left(\dfrac{A_1}{A_2}\right)$$

das (logarithmische) Dekrement.

[1]) s. Benischke: Die wissenschaftl. Grdl. der Elektrotechnik. 6. Aufl. S. 400ff. Berlin 1922.

Elektromagnetische Schwingungen. 85

heißt das Primärsystem, das von ihm beeinflußte das Sekundärsystem.

Man unterscheidet induktive, kapazitive und galvanische Kopplung. Bei der ersteren Art wirkt das magnetische Feld einer Spule des Primärkreises auf eine sekundäre Spule ein (Abb. 61, oben links).

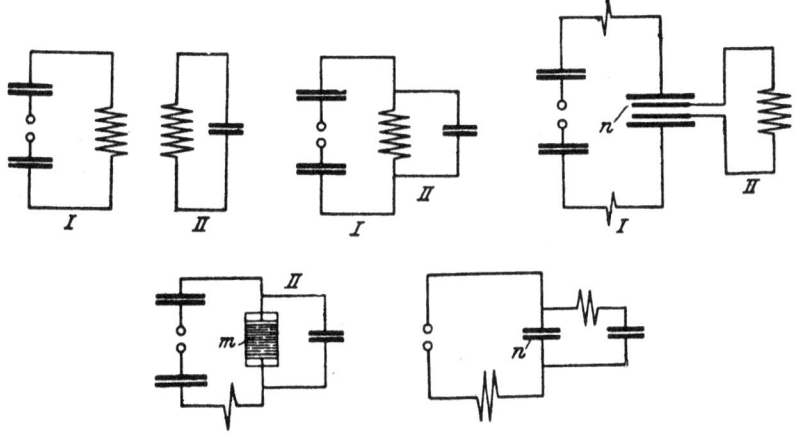

Abb. 61. Kopplungsarten.

Bei der kapazitiven Kopplung bewirkt das elektrische Feld eines Kondensators die Kopplung der beiden Kreise (Abb. 61, oben rechts).

Die galvanische Kopplung liegt vor, wenn die beiden Systeme Leitungsteile gemeinsam haben. Meistens handelt es sich hierbei um eine gemeinsame Selbstinduktionsspule, so daß man besser von einer galvanisch-induktiven Kopplung reden könnte (Abb. 61, oben Mitte, unten links, unten rechts).

Die Kopplung kann lose und fest sein. Man spricht von loser Kopplung, wenn die Einwirkung des Primärkreises auf den Sekundärkreis nur gering ist, im umgekehrten Falle von fester Kopplung (Abb. 62). (F. u. T. S. 44.)

Sind zwei Schwingungskreise auf dieselbe Schwingungszahl ν abgestimmt, so tritt bei der Kopplung der beiden Kreise eine eigentümliche Erscheinung auf. Es entstehen nämlich in beiden Kreisen dann zwei Kopplungswellen, von denen die eine

86 Elektromagnetische Schwingungen.

von größerer, die andere von kleinerer Frequenz ist als die Frequenz, in der die Kreise jeder für sich schwingen würden.

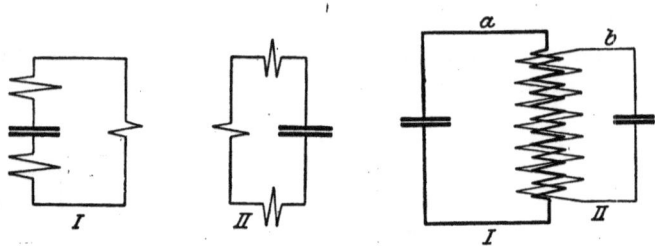

Abb. 62. Lose und feste Kopplung.

Um diese eigentümliche Erscheinung zu verstehen, betrachten wir einen ähnlichen mechanischen Vorgang. Wir denken uns zwei gleich lange, am besten starre Pendel (Eisenstäbe, die am einen Ende mit einem Gewicht starr verbunden sind) nebeneinander aufgehängt und durch eine Feder oder einen mit einem kleinen Gewicht beschwerten Faden etwa in der Mitte lose verbunden (Abb. 63). Nun lassen wir das erste Pendel schwingen. Die Verbindung mit dem zweiten Pendel bedeutet nun natürlich eine starke Dämpfung, eine Belastung, so daß die Ausschläge des ersten Pendels rasch abnehmen, dabei überträgt sich seine Energie auf das zweite, das nun starke Ausschläge macht. Nach einigen Schwingungen ist Pendel 1 fast zum Stillstand gekommen, und seine Energie hat sich ganz auf das zweite übertragen, das nun fast so weit ausschwingt, wie das erste zu Beginn der Schwingung. Jetzt wiederholt sich der Vorgang in umgekehrter Folge; Pendel 2 überträgt seine Energie wieder auf Pendel 1, so daß dieses wieder stärker zu schwingen beginnt usw. Abb. 64 stellt die Abhängigkeit der Schwingungen von der Zeit graphisch dar.

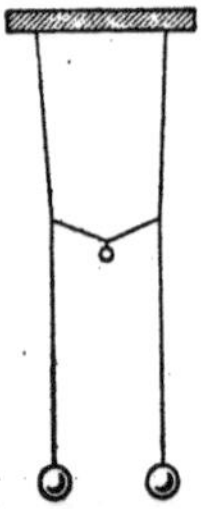

Abb. 63. Zwei miteinander gekoppelte Pendel.

Dieselbe Erscheinung finden wir bei den auf die gleiche Frequenz ν abgestimmten Schwingungskreisen wieder. Der Primärkreis überträgt seine Energie auf den Sekundärkreis, wobei er selbst zur Ruhe kommt und der Sekundärkreis nun einen Moment allein schwingt. Jetzt überträgt der Sekundärkreis seine

Elektromagnetische Schwingungen. 87

Schwingungsenergie auf den Primärkreis usw. Die Abb. 64 würde also auch in diesem Falle den Verlauf richtig wiedergeben.

Man nennt solche Erscheinungen **Schwebungserscheinungen**. Die Ursache für das Auftreten von Schwebungen ist immer das Vorhandensein zweier verschiedener Schwingungszahlen, also auch zweier verschiedener Perioden. Infolge dieses Umstandes ver-

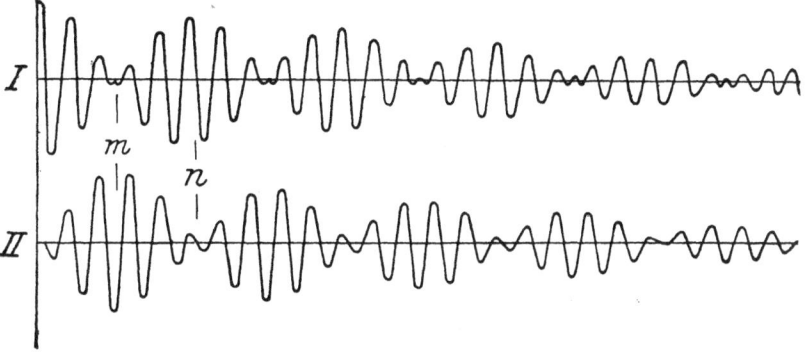

Abb. 64. Energiewanderung bei fester Kopplung.

stärken sich die beiden verschiedenen Schwingungen, sobald sie in gleichem Sinne verlaufen, während sie im entgegengesetzten Falle sich bis zur Vernichtung schwächen. Beträgt z. B. die eine Schwingungszahl 40 (gestrichelt), die andere 45 (strich-punktiert), und beginnen die Schwingungen in gleicher Phase, so verstärken sie

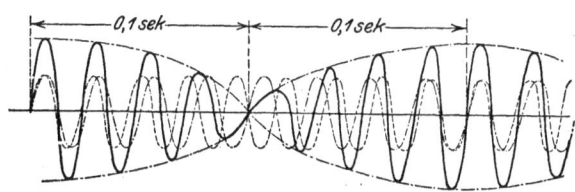

Abb. 65. Erklärung der Schwebungen.

sich, wie Abb. 65 zeigt, zunächst; aber allmählich kommen die beiden Schwingungen aus dem Takt. Nach 4 Schwingungen von der ersten Art sind von der zweiten erst $4^1/_2$ abgelaufen. Jetzt verlaufen die Schwingungen entgegengesetzt, sie vernichten sich. Nun kommen sie allmählich wieder in Takt, was bei 8 Schwingungen der ersten und 9 der zweiten Art erreicht ist. Dann verstärken sich beide wieder. In diesem Beispiel entsteht eine 5malige Verstärkung in der Sekunde. Wir sehen also: Sind ν_1 und ν_2 die Schwingungszahlen, so beträgt die Zahl der Schwebungen $\nu_1 - \nu_2$. Eine andere Schwebungserscheinung bietet das auf S. 132 angeführte Beispiel der beiden Stimmgabeln.

Die beiden Schwingungszahlen liegen um so mehr auseinander, je fester die Kopplung wird, während sie bei loser Kopplung sich immer mehr an den Mittelwert ν annähern. In diesem Falle schwingen die beiden Systeme fast so aus, wie sie als freie Systeme schwingen würden. Allerdings ist in diesem Falle die Energie, die vom Primärkreis auf den Sekundärkreis übertragen wird, gering. Ein Maß für die Energie, die vom Primärkreis auf den Sekundärkreis übertragen wird, ist der Kopplungskoeffizient k, der, was hier ohne Beweis angeführt werden soll, gleich ist

$$\frac{M}{\sqrt{L_1 \cdot L_2}},$$

wo M den Koeffizienten der gegenseitigen Induktion, L_1 und L_2 die Selbstinduktionskoeffizienten der beiden Kopplungsspulen bezeichnen.

Wird der Primärkreis durch eine Funkenstrecke erregt, so hört die Rückwirkung des Sekundärkreises auf den Primärkreis natürlich sofort auf, sobald seine Spannung nicht mehr ausreicht, die Funkenstrecke im Primärkreis zum Zünden zu bringen; dann schwingt der Sekundärkreis mit der ihm eigenen Frequenz ν aus. Wien hat nun eine Funkenstrecke (s. Abb. 82 auf S. 105) konstruiert, die die Dämpfung im Primärkreis so erhöht, daß der Sekundärkreis den Funken nicht wieder zur Auslösung bringen kann. Es tritt hier nur eine einmalige Anregung des Sekundärkreises durch den Primärkreis ein. Der Sekundärkreis schwingt dann mit der eigenen Schwingungszahl aus. Diese Schwingung ist dann viel weniger gedämpft als die Kopplungsschwingung. Man nennt die Wiensche Art der Erregung des Sekundärkreises wohl Stoßfunken- oder Löschfunkenerregung. Eine Wiensche Funkenstrecke besteht im Prinzip aus mehreren kreisförmigen Metallplatten, die in geringem Abstande (0,1 mm) einander gegenübergestellt sind. Den Verlauf der Schwingung gibt Abb. 66 wieder.

Elektromagnetische Schwingungen. 89

Die Übertragung der Energie eines Schwingungskreises auf einen andern gelingt natürlich am besten, wenn beide auf dieselbe Schwingungszahl abgestimmt sind. Um die Schwingungskreise nun dauernd in Übereinstimmung zu halten, muß man sie mit variabelen Abstimmungsmitteln versehen; solche haben wir schon früher in den Drehplattenkondensatoren und veränderlichen Selbstinduktionen kennengelernt. Stim-

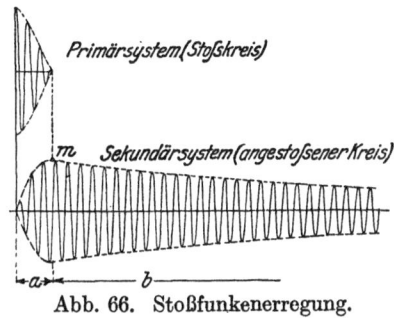

Abb. 66. Stoßfunkenerregung.

men zwei Schwingungskreise bei loser Kopplung in ihrer Frequenz überein, so sagt man, sie sind in Resonanz. Die Resonanz läßt sich beim Abstimmen unschwer an dem plötzlichen Anstieg der Energiekurve erkennen. Abb. 67 zeigt den Verlauf der Resonanzkurve als Funktion der Schwingungszahlen ν (F. u. T. S. 45).

Zur Ermittelung der Schwingungszahl eines Schwingungskreises dient ein sog. Wellenmesser, auch Frequenzmesser genannt (Abb. 68). Derselbe ist für gewöhnlich ein geschlossener Schwingungskreis, bestehend aus Selbstinduktion und Drehkondensator. Abb. 69 zeigt das Schaltbild eines Wellenmessers. Der Schwingungskreis besteht aus dem Drehkondensator C und der auswechselbaren Selbstinduktionsspule L. Der Wellenmesser läßt sich nun sowohl als Erregerkreis wie auch als Resonanzkreis verwenden. Im ersten Falle muß er durch einen Summer S, der einen einfachen mit einem Trockenelement E zu betreibenden Wagnerschen Selbstunterbrecher von hoher Unterbrechungszahl (500 bis 1000) darstellt, erregt werden. Soll er aber als Resonanzkreis dienen, so muß in dem Schwingungskreise noch ein Anzeiger für Schwingungen, ein Detektor D (S. 95),

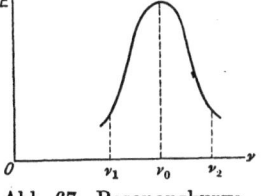

Abb. 67. Resonanzkurve.

liegen, an dem das Eintreten der Resonanz festzustellen ist (in den einfachsten Fällen Hitzdrahtamperemeter, Geißlerröhre, Glimmlampe). Wird, wie in der Zeichnung vorgesehen, ein Kristalldetektor benützt, so können die Schwingungen durch ein Telephon T abgehört werden. Der Kurbelschalter K ermöglicht es, den Detektor oder den Summer einzuschalten. Der Drehkonden-

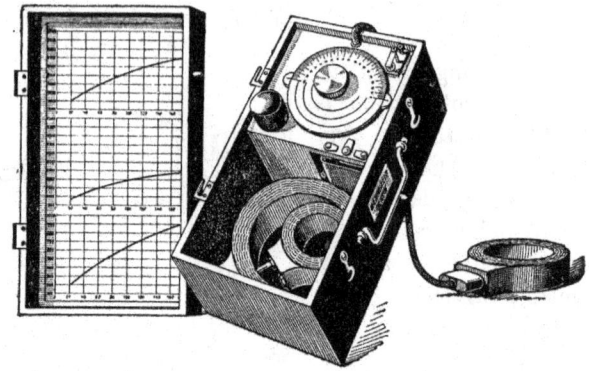

Abb. 68. Wellenmesser der Birgfeld-Broadcast A.-G.

sator muß geeicht oder es muß dem Wellenmesser eine besondere Eichtabelle beigegeben sein.

Die bisher von uns betrachteten Schwingungskreise werden wohl als geschlossene Schwingungskreise bezeichnet. Der Strom beschreibt eine geschlossene Bahn. Das scheint nun zunächst an zwei Stellen nicht zu stimmen, an der Funkenstrecke und am Kondensator. Die Funkenstrecke ist allerdings, wie wir schon wiederholt betont haben, bei und kurz nach dem Übergang des Funkens gut leitend, so daß an dieser Stelle der Strom nicht unterbrochen ist. An den Kondensatorbelegungen ist nun aber in der Tat der Strom unterbrochen. Es muß hier aber nachgetragen werden, daß auch die Isolierschicht des Kondensators nicht ganz unbeeinflußt bleibt. Nach S. 9 gehen ja die elektrischen Kraftlinien hindurch, und die Atome des Dielektrikums werden unter seiner Einwirkung sog. Dipole. Der positive Kern wird durch das elektrische Feld etwas nach der negativen Platte

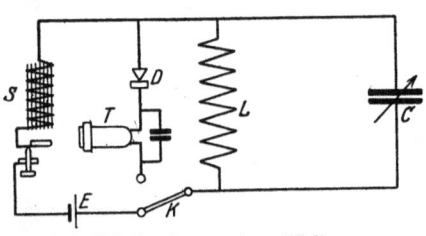

Abb. 69. Schaltschema eines Wellenmessers.

zu verlegt, wohingegen die Elektronen nach der Gegenseite hin etwas verschoben werden. Dadurch wird Arbeit geleistet, die Spannung sinkt also. Aus unseren Ausführungen auf S. 67 weiß der Leser, daß der Kondensator das Zustandekommen des Wechselstroms in dem Schwingungskreis nicht hindert. Man sagt daher wohl, das Dielektrikum wird von einem Verschiebungsstrom durchflossen. In diesem Sinne kann man also den Schwingungskreis trotz des vorhandenen Kondensators als einen geschlossenen bezeichnen. Das Wort hat hier noch einen anderen Sinn. Wir sahen auf S. 82, daß der Schwingungsvorgang in einer periodischen Umwandlung der magnetischen Energie der Selbstinduktionsspule in die elektrische des Kondensatorfeldes besteht und umgekehrt. Es bleibt also sozusagen alle Energie im System, daher geschlossener Kreis.

Die im geschlossenen Schwingungskreis stattfindenden Schwingungen werden wohl als quasistationär bezeichnet. Man bezeichnet sie so, weil der hochfrequente Wechselstrom an allen Stellen der Strombahn zur selben Zeit die gleiche Stärke und Richtung hat, ganz so wie der Wechselstrom, den wir ja auf S. 53 auch als quasistationär bezeichnet haben. Elektrische Ladungen sind nur auf den Kondensatorbelegungen vorhanden.

Daneben haben für unsere Zwecke auch Schwingungskreise große Bedeutung, die nicht mehr quasistationär schwingen. Wir nehmen als Primärkreis einen offenen Schwingungskreis mit kleiner Selbstinduktion (Spule aus wenigen [3 bis 10] Windungen dicken Drahtes) und verhältnismäßig großer Kapazität (Batterie Leydener Flaschen) und koppeln diesen induktiv mit einem Schwingungskreis, dessen Selbstinduktionskoeffizient groß und dessen Kapazität klein ist. Die Selbstinduktionsspule des Primärkreises wirkt dann auf die des Sekundärkreises ein wie die primäre Spule eines Transformators auf die sekundäre. Da nun die Sekundärspannung nach (31), S. 55, der Größe $\frac{dJ}{dt}$ proportional ist und dieser Bruch im Falle der Hochfrequenz sehr hohe Werte annimmt, müssen an den Enden der Sekundärspule sehr hohe Spannungen auftreten, die um so höher werden, je mehr man die Kapazität zugunsten der Selbstinduktion verkleinert. Es kommt nach (45) ja nur darauf an, daß das Produkt Kapazität mal Selbstinduktionskoeffizient für beide Spulen denselben Wert hat. Da nun jede

Spule an und für sich schon eine kleine Kapazität besitzt, kann man den Kondensator in dem Sekundärkreis einfach fortlassen und eine Selbstinduktionsspule mit sehr vielen Windungen dünnen Drahtes als Schwingungskreis benützen. Die dann entstehende Anordnung zeigt Abb. 70. Der primäre geschlossene Schwingungskreis besteht aus der Leydener Flasche, der Selbstinduktionsspule, die wenige Windungen dicken Drahtes hat, und der Funkenstrecke, die durch einen Hochspannungstransformator (oder ein Induktorium gespeist wird. Die Spule, die in der Primärspule steht, stellt den Sekundärkreis dar. Die ganze Einrichtung heißt Tesla-Transformator.

Die Schwingungsverhältnisse in der sekundären Spule sind nun ganz andere als die bisher betrachteten. An den Spulenenden ist der Stromwert Null und nimmt nach der Mitte zu bis zu einem Höchstwert zu; die Spannung dagegen erreicht an den Spulenenden einen Höchstwert. Wir haben also nur in der Mitte der Spule ein nennenswertes Hin- und Herwogen der elektrischen Energie, während an den Enden hohe elektrostatische Ladungen, die dort hohe Spannungen hervorrufen, vorhanden sind.

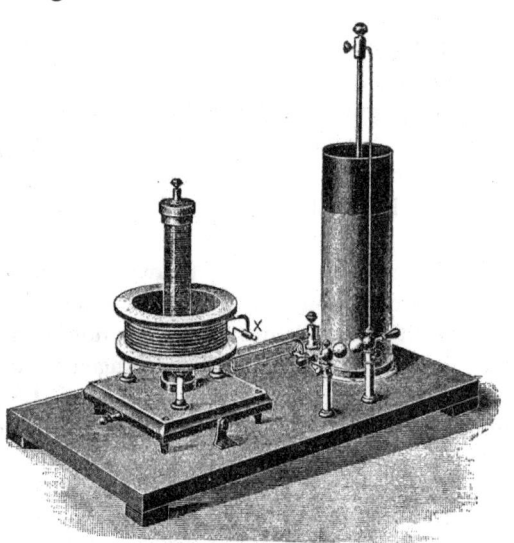

Abb. 70. Tesla-Transformator mit Schwingungskreis.

Erdet man etwa das untere Spulenende, so besitzt das obere eine hohe Spannung gegen Erde, die sich darin kund tut, daß von ihm die Ladungen in Form von Büschel- oder Glimmlicht auf die benachbarten Gegenstände überströmen. Die hier erwähnten Hochfrequenzströme hoher Spannung sind für den tierischen Organismus durchaus ungefährlich. Der Grund dafür liegt in dem sog.

Elektromagnetische Schwingungen. 93

Skineffekt, der darin besteht, daß der hochfrequente Wechselstrom mit steigender Frequenz mehr und mehr das Innere der Leiter verläßt und sich auf der Oberfläche ausbreitet.

Die in der Sekundärspule des Tesla-Apparates stattfindenden Schwingungsvorgänge sind nicht mehr stationär. Man nennt Schwingungskreise dieser Art offene Schwingungskreise.

Dabei ist nun die Tatsache bemerkenswert, daß solche nicht quasistationär schwingenden Kreise dazu neigen, neben der Grundschwingung auch Schwingungen zu geben, deren Schwingungszahl ein ungerades Vielfaches der Schwingungszahl der Grundschwingung ist. Man nennt sie Oberschwingungen. Um sie zu erzeugen und sichtbar zu machen, geht man am besten von der in der Abb. 71 angedeuteten Schaltung aus, die erst von G. Seibt angegeben wurde.

Der Primärkreis, bestehend aus Kapazität C, veränderlicher Selbstinduktion L_1 und Funkenstrecke F, ist galvanisch-induktiv gekoppelt mit dem aus der 1 bis 3 m langen Spule L bestehenden Sekundärkreis. (Man kann sich eine solche Spule leicht selbst herstellen dadurch, daß man einen einfach isolierten Draht von 0,1 bis 0,4 mm Durchmesser auf einen paraffinierten Holzstab von 1 bis 3 m Länge aufwickelt.) Parallel zu der Sekundärspule ist der geerdete Draht D ausgespannt. An den Stellen hoher Spannung geht dann eine Glimmentladung sehr schön sichtbar über. Man reguliert nun die Spule L_1 so ein, daß an dem freien Ende der Spule L sich

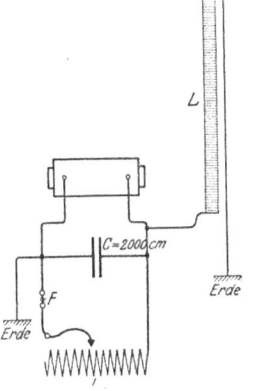

Abb. 71. Seibtsche Spule.

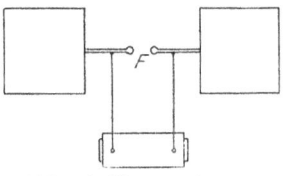

Abb. 72. Hertzscher Oszillator.

der Spannungsbauch befindet. Verringert man nun durch Verschieben des Kontaktes die Selbstinduktion des Primärkreises, so wird die Schwingungszahl heraufgesetzt. Bei einer bestimmten Stellung sind dann an der sekundären Spule zwei Spannungsbäuche vorhanden, einer am freien Ende, der zweite $1/3$ vom unteren Spulenende entfernt.

Auch der Hertzsche Oszillator, den Abb. 72 zeigt, stellt einen offenen Schwingungskreis dar. An die beiden Elektroden einer Funkenstrecke, die durch einen Transformator oder ein Induktorium gespeist wird, sind quadratische Messingplatten von 40 cm Seitenlänge angelötet. Mit diesem Schwingungskreis erzielte Heinrich Hertz Schwingungen von der Frequenz $5 \cdot 10^7$.

Ebenso läßt sich ein hinreichend langer linearer Draht, der entweder direkt durch eine Funkenstrecke oder indirekt durch Kopplung zu erregen wäre, als offener Schwingungskreis verwenden (vgl. S. 103).

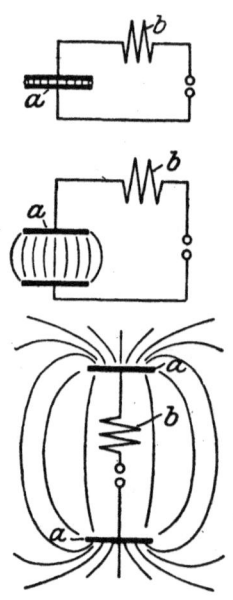

Abb. 73. Übergang vom geschlossenen zum offenen Schwingungskreise.

Den Übergang von einem geschlossenen zu einem offenen Schwingungskreis kann man sich an Abb. 73 veranschaulichen. Je weiter die beiden Kondensatorplatten a auseinander rücken, desto mehr tritt eine Streuung der Kraftlinien ein. Ein Teil der Energie strahlt in den Raum aus. Das Ausstrahlen der Energie wirkt natürlich stark dämpfend auf das System ein.

Es bliebe in diesem Kapitel noch die Frage zu beantworten, wie man die Hochfrequenzschwingungen in einem Thomsonschen Schwingungskreis wahrnehmbar machen kann. Falls die Spannungen so hoch sind, daß eine Funkenstrecke durchschlagen wird, sind keine weiteren Schwingungsanzeiger erforderlich. Häufig genügt ein empfindliches Hitzdrahtamperemeter, dieses hat außerdem noch den Vorzug, daß es den Schwingungskreis nicht wesentlich verstimmt, was immer der Fall ist, wenn der Schwingungsanzeiger oder Detektor Selbstinduktion, Kapazität oder große Dämpfung besitzt. Auch mäßig evakuierte Glasröhren (bis 10 mm), sog. Geißlersche Röhren, die zwei Aluminiumelektroden besitzen, denen die Spannung durch in die Wand eingeschmolzene Platindrähte zugeführt wird, werden benutzt, besonders in der Form der kleinen handlichen Neonröhren. Für die Zwecke der drahtlosen Telegraphie hatten früher die Kontaktdetektoren große Bedeutung. In ihnen wird eine Metallspitze

(Bronze oder Stahl) in mehr oder weniger lose Berührung mit einem Plättchen aus einer kristallinischen Substanz (Bleiglanz, Molybdänglanz, Zinkblende, Silizium) gebracht (Abb. 74). Diese Detektoren zeigen für die Ströme verschiedener Richtung verschiedenen Widerstand. So fand man für die eine Richtung 6000 Ω, für die andere 50000 Ω. Wird nun ein Wechselstrom hindurchgeschickt, so läßt der Detektor die eine Stromrichtung viel stärker durch als die andere; man kann dann sogar mit einem Gleichstrominstrument Ausschläge erzielen, wovon man sich leicht durch einen Versuch überzeugt. Der Detektor wirkt also als Gleichrichter.

Man schaltet die Detektoren entweder direkt ein, muß dann aber mit einer Verstimmung des Schwingungskreises, d. h. mit einer Änderung der Schwingungszahl rechnen, da der Detektor ja Dämpfung und Kapazität hat, oder man koppelt den Schwingungskreis mit einem Kreis sehr großer Dämpfung, einem aperiodischen Kreis, der dann als Detektorkreis bezeichnet wird. Ein solcher Kreis wird zwar durch einen anderen angeregt, hat aber eine so große Dämpfung, daß eigentliche Schwingungen nicht zustande kommen. Er braucht daher nicht abgestimmt zu werden. Der gleichgerichtete Wechselstrom wird dann erkannt durch ein mit dem Detektor in Reihe geschaltetes empfindliches Galvanometer. In der drahtlosen Telegraphie verwendet man statt dessen ein Telephon.

Abb. 74. Karborunddetektor von Telefunken.

10. Elektromagnetische Wellen.

Wir haben bisher fast ausschließlich die Schwingungsvorgänge im Schwingungskreise selbst besprochen, haben dabei aber schon angedeutet, daß diese Schwingungsvorgänge auch gewisse Verschiebungen im Dielektrikum zur Folge haben. Ladungen, wissen wir von früher, erzeugen elektrische, Ströme magnetische Felder. Wir nehmen an, AB in Abb. 75 sei ein Leiter, in dem ein Strom J entstehe. Fließt der Strom in der bezeichneten Richtung, so bildet sich um AB im Dielektrikum (meistens wird es sich um Luft handeln,) ein magnetisches Feld aus, das der Stromstärke proportional ist. Da es sich wegen der Veränderlichkeit des Stromes um ein veränderliches Feld handelt, muß sich senkrecht zu ihm ein elektrisches Feld ausbilden, dessen Kraftlinien die des magnetischen Feldes kreisförmig umschließen. Das Feld ist zwar nicht sichtbar; bringt man aber einen geschlossenen Draht in die Richtung der elektrischen Kraftlinien, dann

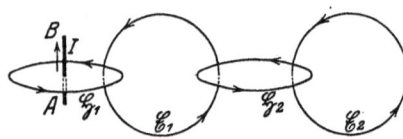

Abb. 75. Ausbreitung des Schwingungsvorgangs.

geraten die Elektronen des Drahtes in Bewegung, es kommt ein Strom zustande. Das elektrische Kraftfeld umschließt sich wieder mit einem magnetischen usw. Der Vorgang ist in Abb. 75 nur unvollkommen gezeichnet. Sie soll eben nur veranschaulichen, daß sich, während in AB der Strom entsteht, jener komplizierte elektromagnetische Vorgang im Dielektrikum, hier im umgebenden Lufträume, abspielt.

Ein Bild, das der Wirklichkeit näher kommt, ist in Abb. 76 gezeichnet. Zwischen zwei Kugeln, die sehr starke entgegengesetzte Ladungen haben, besteht ein elektrisches Feld, nun springt ein Funke über, das Feld bricht zusammen. Dann bildet sich, wie die Abbildung zeigt, ein magnetisches Kraftfeld um die Funkenbahn aus, das sich sehr schnell im Raume ausbreitet. Um die magnetischen Kraftlinien schließen sich die elektrischen. Die magnetischen Kraftlinien umgeben die Funkenbahn kreisförmig, sie sind nur in der Mittelebene, der Symmetrieebene der Funkenstrecke angedeutet. Die die magnetischen Kraftlinien umschließenden elektrischen sind nur in der Papierebene gezeichnet. Man kann sie sich durch Drehen der Abbildung

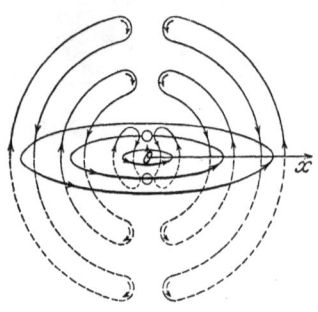

Abb. 76. Elektromagnetische Welle.

Elektromagnetische Wellen. 97

um die Verbindungslinie der beiden Elektroden vervollständigt denken.

Das magnetische Feld breitet sich also etwa in Form einer Kugelschale um den Erregungspunkt aus. Das will sagen: nach einer bestimmten Zeit t ist der Impuls gleichweit vom Erregungszentrum (hier der Funkenstrecke) entfernt. Natürlich wird er mit zunehmender Entfernung schwächer. Findet nur ein einmaliger Funkenübergang statt, so breitet sich auch nur ein einmaliger Impuls aus. Die Abbildung zeigt diesen einen Impuls in verschiedenen Zeitpunkten. Wenn also z. B. der äußere Impuls vorhanden ist, sind die inneren in der Abbildung fortzudenken.

Verfolgen wir nun das sich ausbreitende elektromagnetische Feld etwa längs einer Geraden, die auf der Verbindungslinie der beiden Kugeln im Mittelpunkte senkrecht steht, etwa längs der mit X bezeichneten Achse, so kann man sich davon überzeugen, daß die elektrischen Kraftlinien immer auf den magnetischen senkrecht stehen.

Gehört die Funkenstrecke, die wir soeben unseren Betrachtungen zugrunde gelegt haben, zu einem Schwingungskreis, so kehren sich nach der Auslösung des Funkens die Verhältnisse sofort um; die elektrische Energie geht jetzt in entgegengesetzter Richtung über, dem entspricht aber ein magnetisches Kraftfeld entgegengesetzter Richtung. Hinter dem vorhin geschilderten elektromagnetischen Impuls eilt somit ein zweiter her, dessen Kraftlinien entgegengesetzte Richtung haben wie die des ersten usw. Jeder Schwingungszahl der sich ausbildenden elektromagnetischen Schwingung entspricht ein solcher Doppelimpuls.

In einem Punkte A des Raumes, den diese Impulse passieren, würde sich folgendes Bild ergeben; T sei die Schwingungsdauer. Von einem bestimmten Augenblick an würde in A sich ein etwa sinusförmig ansteigendes Magnetfeld ausbilden, das nach $\frac{T}{4}$ Sekunden seinen Höhepunkt erreicht und nun abnimmt, bis es nach $\frac{T}{2}$ Sekunden verschwunden ist. Nun kehrt es seine Richtung um und erreicht nach $\frac{3}{4}T$ Sekunden, gerechnet vom Ausgangszeitpunkt an, in der neuen Richtung seinen Höchstwert, um dann wieder auf Null zurückzugehen. Nach T Sekunden beginnt derselbe

Vorgang von neuem. Gleichzeitig mit dem magnetischen Felde aber bildet sich in A ein ebenfalls sinusförmig verlaufendes elektrisches Feld heraus, dessen Kraftlinien überall senkrecht zu den magnetischen stehen, und das seine Höchst- und Nullwerte gleichzeitig mit dem magnetischen Felde erreicht. Wir haben also in A periodisch wechselnde elektrische und magnetische Zustände, die miteinander in Phase sind, und deren Periode und Frequenz mit der Periode und Frequenz der erregenden Funkenstrecke übereinstimmen.

Die soeben beschriebenen periodisch wechselnden elektromagnetischen Kraftfelder bilden eine **elektromagnetische Welle**. Dem Ausdruck liegt das Bild von den Wasserwellen zugrunde. Beide Vorgänge haben nur das periodische Fortschreiten eines Zustandes miteinander gemeinsam.

Die elektrischen Wellen breiten sich mit einer Geschwindigkeit von 300 000 km/sec in den Raum aus. Eine Sekunde nach Überspringen des Funkens hat sich der Impuls also bereits 300 000 km weit fortgepflanzt! Frequenz und Periode bedeuten hier dasselbe wie bei den Schwingungen.

Wir denken uns wieder einen Schwingungskreis, um dessen Funkenstrecke sich ein Wellensystem ausgebildet hat und noch ausbildet. Wir ziehen jetzt von dem Erregungszentrum aus eine Gerade nach der Peripherie des Wellenzuges und suchen nun auf dieser alle Punkte auf, die in einem bestimmten Augenblick denselben Schwingungszustand haben, in denen etwa das Magnetfeld in derselben Richtung gerade einen Höchstwert hat. In diesen Punkten hat die elektromagnetische Welle dieselbe **Phase**. Die Entfernung von einem Punkte bis zum nächsten derselben Phase wollen wir eine **Wellenlänge** nennen und mit λ (Lambda) bezeichnen. Dauert der Schwingungszustand z.B. eine Sekunde und ist die Schwingungszahl ν, so gibt es in dem Wellenzuge ν Punkte gleicher Phase. Da die Entfernung zweier benachbarter Punkte λ beträgt, ist also der von der Welle zurückgelegte Weg $\nu \cdot \lambda$, und der ist nach obigen Ausführungen 300 000 km. Es gilt somit

$$\nu \cdot \lambda = 300\,000 \text{ km} \quad \ldots \ldots \quad (46)$$

Diese Formel ist äußerst wichtig, sie erlaubt uns, die Wellenlänge rechnerisch zu ermitteln. Bei einer Frequenz 100 000 ist z. B. $\lambda = 3$ km oder 3000 m.

Elektromagnetische Wellen.

Beispiel: Die Wellenlänge, mit der die Funkenstation Nauen jeden Mittag um 1 Uhr das Uhrenzeichen gibt, ist 3100 m. Welche Frequenz und Periode hat diese Welle?

Es ist $\nu = \dfrac{300\,000}{3100} = 96\,774$, $T = \dfrac{1}{\nu} = 1/96\,774$ Sekunden.

Nach 46) ist

$$\lambda_{\mathrm{km}} = 300\,000 \cdot \dfrac{1}{\nu} = 300\,000 \cdot T = 300\,000 \cdot 2\pi \sqrt{L \cdot C}, \quad (46\mathrm{a})$$

wo L die Selbstinduktion in Henry, C die Kapazität in Farad bedeutet.

Bequemer wird die Formel für λ, wenn man zu cm übergeht. Es ist

$$\lambda_{\mathrm{cm}} = 3 \cdot 10^{10} \cdot \dfrac{1}{\nu} = 3 \cdot 10^{10} \cdot 2\pi \sqrt{L \cdot C}$$

oder, wenn man auch die Selbstinduktion und Kapazität in cm angibt,

$$\lambda_{\mathrm{cm}} = 3 \cdot 10^{10} \cdot 2\pi \sqrt{\dfrac{L_{\mathrm{cm}}}{10^9} \cdot \dfrac{C_{\mathrm{cm}}}{9 \cdot 10^{11}}} = 2\pi \sqrt{L_{\mathrm{cm}} \cdot C_{\mathrm{cm}}} \ . \quad (46\mathrm{b})$$

Beispiel: Man will einen englischen Broadcast-Sender mit 400 m Wellenlänge aufnehmen. Die Selbstinduktion des Schwingungskreises beträgt 90000 cm. Welche Kapazität hat man zu nehmen?

Es ist $40\,000 = 2\pi \sqrt{90\,000 \cdot C_{\mathrm{cm}}}$ oder

$$C_{\mathrm{cm}} = \dfrac{16 \cdot 10^8}{4\pi^2 \cdot 9 \cdot 10^4} = 450 \ .$$

(F. u. T. S. 34—40.)

Der hier beschriebene Zustand setzt voraus, daß das Dielektrikum, in dem der elektromagnetische Impuls sich fortpflanzen soll, den Erreger der Welle, den Oszillator, allseitig umgibt. Annähernd ist diese Voraussetzung verwirklicht, wenn der Erreger sich in einem sehr hoch aufgestiegenen Flugzeug befindet. Befindet sich der Erreger aber auf der Erde und ist der eine Konduktor geerdet (leitend mit der Erde verbunden), so kann natürlich die untere Hälfte der Welle nicht zur Ausbildung kommen. Die dann geltenden Verhältnisse würden wir annähernd in Abb. 76 erhalten, wenn wir den unteren Teil fortdenken. Die Welle läuft dann gleichsam an der Erdoberfläche entlang, diese wirkt also als Führung.

Daß die Leiter die Führung der elektromagnetischen Wellen

übernehmen, hat Lecher durch eine sehr einfache Versuchsanordnung, die eine Weiterbildung des auf S. 93 beschriebenen Hertzschen Oszillators darstellt, gezeigt. Wir denken uns den beiden quadratischen Messingplatten des Hertzschen Oszillators zwei genau gleiche Platten gegenübergestellt und von diesen zwei parallele gleich lange Drähte geradlinig fortgeführt, wie es Abb. 77 zeigt.

Wird nun der Oszillator erregt, so entstehen auch in den gegenüberstehenden Platten elektrische Schwingungen, die längs der Drähte fortgeleitet und an den Enden reflektiert werden. Auf den Drähten entstehen dann stehende Wellen, deren Schwingungsknoten durch eine Geißlersche Röhre, die quer über das Drahtsystem gelegt wird, nachzuweisen sind. Die Knoten der elektrischen Schwingung sind nämlich Punkte maximaler Schwankungen des Potentials. Da aber gegenüberliegende Punkte der beiden Drähte stets entgegengesetztes Potential haben, leuchtet die Röhre in den Knotenpunkten der elektrischen Schwingung auf, während sie in den dazwischen liegenden Bäuchen dunkel bleibt. Der Abstand der Knoten ist eine halbe Wellenlänge. Dieser Abstand ist nur von dem Dielektrikum, in dem der Draht ausgespannt ist, abhängig, während die Beschaffenheit des Drahtes ohne Einfluß ist. Bei den stehenden elektromagnetischen Wellen sind der elektrische und der magnetische Schwingungszustand nicht in Phase (vgl. S. 98).

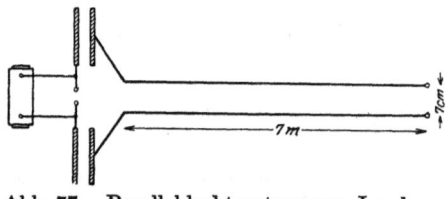

Abb. 77. Paralleldrahtsystem von Lecher.

Die im letzten Abschnitt des vorigen Kapitels beschriebenen offenen Schwingungskreise strahlen die elektromagnetische Energie in Form elektromagnetischer Wellen in den Raum aus. Bringt man andrerseits einen solchen offenen Erreger in ein elektrisches oder magnetisches Wechselfeld, so wird er bei geeigneter Form immer zu Schwingungen erregt werden. In der Funkentelegraphie werden die der Ausstrahlung oder Einstrahlung elektromagnetischer Wellen dienenden Schwingungskreise als Antennenkreise bezeichnet. Ihrem Zweck entsprechend sind sie besonders konstruiert. Für die Ein- und Ausstrahlung wichtig

Elektromagnetische Wellen. 101

sind die beiden Enden, die gleichsam die beiden Belegungen eines Kondensators bilden (Abb. 73). Die eine gewöhnlich geerdete Belegung heißt das Gegengewicht, die andere ist die eigentliche Antenne. Als Abstimmittel dienen Selbstinduktionsspulen (auch Variometer) und Kondensatoren.

Wir wollen hier nur kurz auf die einfachsten Antennenformen eingehen. Der einfache vertikale Draht kommt nur noch bei Flugzeug- und Luftschiffsendern in Frage, das Gegengewicht bilden hier das Gestänge und die Verspannung. Vielfach benutzt man Horizontalantennen, die aus einer Reihe horizontaler, parallel verlaufender Drähte bestehen. Erfolgt der Anschluß der andern Teile des Schwingungskreises in der Mitte, so heißt das Gebilde T-Antenne (Abb. 78), während man von einer L-Antenne spricht, wenn die Abzweigung an dem einen Ende erfolgt. Die großartigste

Abb. 78. Doppel-T-Antenne in richtiger Anordnung.

T-Antenne ist die in Nauen (bei Berlin). Sie besteht aus zehn 1,2 km langen Drähten, die von 6 Masten getragen werden, von denen zwei eine Höhe von 260 m haben. Für die meisten Fälle genügt ein in 10 bis 20 m Höhe isoliert ausgespannter wagerechter Draht, von dem in der Mitte oder an einem Ende abgezweigt wird. Die Länge der ausgestrahlten Welle ist von der Länge der Antenne, ihrer Höhe, ihrer Kapazität und den Abstimmitteln abhängig. Die Angabe von Formeln geht über den Rahmen dieses Buches hinaus. Jeder Antenne entspricht eine bestimmte Eigenwellenlänge λ_0, die sie ausstrahlen würde, wenn die im allgemeinen noch vorhandenen Selbstinduktionsspulen und Kondensatoren fehlen würden. Ist h die Höhe des senkrechten Teiles der Strombahn, l_A die Antennenlänge, so ist bei einer T-Antenne die längste

Strombahn $l_i = h + \dfrac{l_A}{2}$. Es ist dann λ_0 etwa gleich 4,5 l_i bis 5,0 l_i.

Die in der Antenne liegenden Abstimmittel gestatten nun zu größeren oder kleineren Wellenlängen überzugehen. Eingeschaltete Selbstinduktionsspulen geben eine größere Wellenlänge (Verlängerungsspulen); in die Antenne gelegte Kondensatoren dienen zur Verkürzung (Verkürzungskondensator). Meistens läßt sich der Kondensator auch parallel zur Selbstinduktion legen, was eine Vergrößerung der Wellenlänge bedeutet (F. u. T. S. 48—52).

11. Die Entwickelung der drahtlosen Telegraphie bis zur Erfindung der Elektronenröhre.

Die in den bisherigen Kapiteln wiedergegebenen Tatsachen waren schon nach der theoretischen und praktischen Seite gesichert, als der Siegeszug der drahtlosen Telegraphie begann. Namentlich Maxwell und Hertz hatten durch die Theorie der Schwingungsvorgänge elektromagnetischer Felder die Grundlagen für die drahtlose Übertragung elektrischer Energie gegeben. Der weitere Ausbau ist ebenso ein Triumph der Technik wie der physikalischen Forschung, die hier wie in keinem anderen Gebiet Hand in Hand arbeiteten.

Als das Geburtsjahr der drahtlosen Telegraphie wird gewöhnlich das Jahr 1897 angegeben, in dem Marconi seine klassischen Versuche zwischen Flatholm und Lavernock-Point im Bristolkanal vor einer Gesellschaft bedeutender Physiker (auch der deutsche Physiker Slaby war anwesend) vorführte. Marconi benutzte zum Senden einen offenen Schwingungskreis (Abb. 79a), den er durch eine eingebaute Funkenstrecke b erregte. Die Ausstrahlungsfähigkeit erhöhte er dadurch, daß er einen möglichst weit offenen Erreger, einen lotrecht aufgezogenen Draht a, als Antenne anwandte. Die Funkenstrecke wurde durch einen Funkeninduktor, dessen einer Pol geerdet war, in Betrieb gesetzt. Zum Empfang der Wellen benutzte er einen zweiten linearen Luftdraht a als Schwingungskreis, in den der Detektor b direkt eingebaut war. Marconi benutzte einen sehr einfachen Detektor, den von dem Franzosen Branly erfundenen Fritter, das ist eine Glasröhre, in der zwei Elektroden durch Metallfeilicht getrennt sind. Die Metallspäne setzen dem elektrischen Strom

Die Entwickelung der drahtlosen Telegraphie. 103

einen erheblichen Ohmschen Widerstand entgegen, der aber auf einen ganz geringen Betrag sinkt, wenn der Fritter von elektrischen Wellen getroffen wird. Legt man also an die Elektroden die Spannung eines Elements e, so steigt der Strom in dem Augenblick, wo der Fritter von elektrischen Wellen getroffen wird, ganz erheblich an und kann einen Morseapparat d und einen Klopfer c betätigen. Abb. 79a und b zeigen die Marconi-Anordnung.

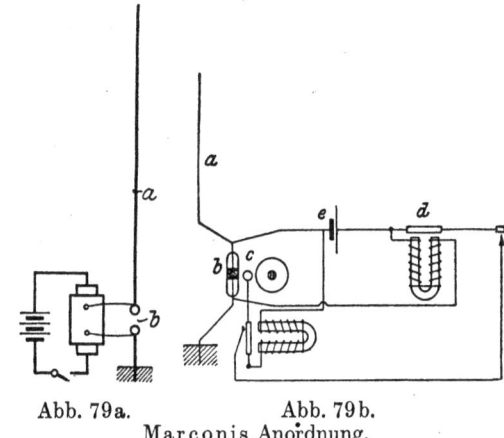

Abb. 79a.   Abb. 79b.
Marconis Anordnung.

Die Marconische Anordnung weist erhebliche Mängel auf, die zu beseitigen das Problem der nächsten Jahre war. Ein Hauptmangel war die Unmöglichkeit, größere Energiemengen aufzunehmen, wodurch die Reichweite sehr niedrig gehalten wurde.

Braun (Straßburg) kam auf den Gedanken, zunächst einen geschlossenen Schwingungskreis, der große Energiemengen aufzunehmen gestattet, zu erregen, und dann diesen Kreis mit dem offenen Schwingungskreis, mit dem Antennenkreis, zu koppeln (S. 85). Dabei konnte nur größte Ausnützung erfolgen, wenn einer der Kreise sich auf den anderen abstimmen ließ. Zunächst wird also bei dieser Anordnung durch die Funkenstrecke (Abb. 80) der geschlossene Schwingungskreis, der veränderliche Kapazität oder Selbstinduktion enthält, zu kräftigen Schwingungen angeregt. Durch Kopplung (hier galvanisch-induktive Kopplung) wird nun ein beträchtlicher Bruchteil der Energie des primären Kreises auf den offenen Schwingungskreis (Antennen-

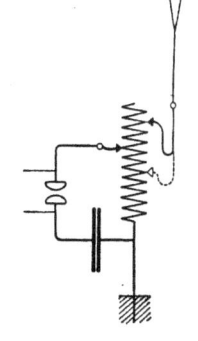

Abb. 80. Braunscher Sender.

kreis) übertragen. Dieser besteht nun wieder aus einem linear ausgespannten Luftdraht, in den zur Veränderung der Schwingungszahl weitere Selbstinduktionsspulen und Kondensatoren eingeschaltet werden können. Der Luftdraht ist wieder einseitig geerdet. Der hier stattfindende Vorgang ist auf S. 87 ausführlich erläutert; es bilden sich die dort erwähnten Schwebungserscheinungen heraus, darin besteht ein Nachteil dieser Anordnung.

Für den Empfang benutzte man eine ganz ähnliche Einrichtung, die aber statt der Funkenstrecke einen Detektor zur Erkennung der Schwingungen enthielt. Der Empfänger enthält also zunächst einen Luftdraht, in dem die ankommenden Wellen durch Induktion den hochfrequenten Wechselstrom, die elektrische Schwingung, erregen. Dazu muß dieser Kreis, er soll Antennenkreis heißen, abstimmbar gemacht werden. Das erreicht man wieder durch Einschaltung veränderlicher Selbstinduktionsspulen und Kondensatoren (nicht gezeichnet). Hintereinander geschaltete Selbstinduktionsspulen dienen nach 34) der Vergrößerung der Gesamtselbstinduktion, gestatten also, eine höhere Wellenlänge aufzunehmen. Hintereinander geschaltete Kapazitäten bedeuten nach S. 20 eine Herabsetzung der Gesamtkapazität, dienen also der Aufnahme kurzer Wellen, während für lange Wellen die Kondensatoren parallel zur Selbstinduktion zu legen sind. Der Antennenkreis a ist meistens induktiv, zuweilen auch galvanisch mit dem aperiodischen Detektorkreis, der aus Selbstinduktionsspule b mit hoher Dämpfung, Detektor c und Telephon e besteht, gekoppelt (Abb. 81). Die durch die Sendestation ausgestrahlten Schwebungsimpulse erregen bei richtiger Abstimmung die Empfangsantenne in gleichem Rhythmus. In dem Detektorkreis erfolgt nun eine Gleichrichtung der hochfrequenten Stromstöße; es gehen also durch

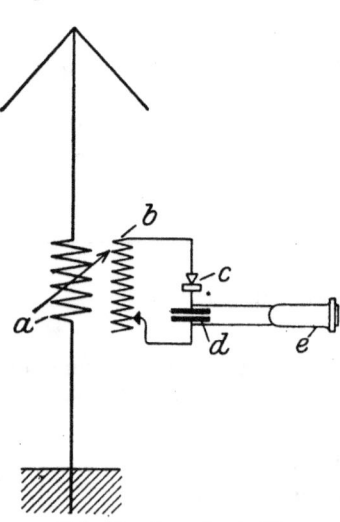

Abb. 81. Anordnung für Detektorempfang.

den Kreis in der einen Richtung stärkere Stromstöße hindurch als in der anderen, diesen Impuls kann man sich zusammengesetzt denken aus einem Gleichstrom und einem Wechselstrom. In einem Telephon, dessen Membran der hohen Frequenz nicht zu folgen vermag, wirkt er wie ein Gleichstromstoß. Gewöhnlich legt man parallel zum Telephon einen Blockkondensator d (etwa 1000 bis 3000 cm Kapazität), der die Wechselströme durchläßt.

Hiermit haben wir die Entwickelungsstufe kurz gekennzeichnet, die die Funkentelegraphie etwa im Jahre 1906 erreicht hatte. Der Hauptnachteil des Braunschen Systems ist das Auftreten

Abb. 82. Löschfunkenstrecke.

der beiden Kopplungswellen und der dadurch bedingten Schwebungen, die, wie auf S. 88 ausführlich auseinandergesetzt, einen geringen Nutzungsgrad der Kopplung zur Folge haben.

Wir haben bereits auf S. 89 die Überlegungen angeführt, die zur weiteren Vervollkommnung des Systems dienten. Wird also in der Anordnung, die in Abb. 80 wiedergegeben ist, die gewöhnliche Funkenstrecke durch eine Löschfunkenstrecke (Abb. 82) ersetzt, so findet keine Rückwirkung des Antennenkreises auf den Erregerkreis, der in diesem Falle Stoßkreis heißt, statt, da die Funkenstrecke so stark abgekühlt ist und andrerseits so hohe Dämpfung bewirkt, daß ein Funke nicht wieder ausgelöst wird. Er erlischt also nach der ersten Auslösung, und der Antennenkreis kann mit der ihm eigenen Dämpfung ausschwingen.

Gewöhnlich werden Löschfunkensender mit Wechselstrom von 500 oder mehr Perioden gespeist, der durch einen Transformator auf mehrere 1000 Volt transformiert wird. Man erreicht dann durch Enregulierung der Maschine, daß bei jedem Hin- und Hergang des Stromes eine Zündung der Funkenstrecke erfolgt, so daß bei 500 Perioden 1000 Funken übergehen. Es gehen darum 1000 schwach gedämpfte Wellenzüge (vgl. Abb. 66) von der Sendeantenne aus und erregen die Antenne des Empfängers. Was tritt nun im Empfänger ein? Der Detektor läßt eine Richtung des hochfrequenten Wechselstroms besonders gut hindurch, er wirkt als Gleichrichter. Das Telephon nimmt also soviel Gleichstromstöße auf, als Wellenzüge von der Antenne ausgehen, also rund 1000 in der Sekunde. Die Telephonmembran führt somit etwa 1000 Schwingungen in der Sekunde aus, was einen bestimmten Ton zur Folge hat. Man nennt diese Funken darum auch wohl tönende Löschfunken.

Ein Schaltungsschema für einen Löschfunkensender ist in Abb. 83 gegeben. Die Erregung geschieht durch den Wechselstromgenerator a, der den Transformator c, d primär erregt, wenn der Unterbrecher geschlossen ist. Der Maschinenstrom von etwa 220 Volt wird durch den Transformator auf etwa 8000 Volt oder höher transformiert. Zwischen den Klemmen der Sekundärspule des Transformators ist die Löschfunkenstrecke e eingeschaltet. Die richtige Funkenspannung wird durch eine Drosselspule einreguliert. Entsteht nicht bei jedem Polwechsel ein Funke, so ist der Ton im Telephon unrein, weshalb die Drosselspule allgemein als Tondrossel bezeichnet wird. Der durch die Funkenstrecke erregte Primärkreis enthält die Kapazität f und die Selbstinduktion g und ist mit dem Antennenkreis gekoppelt. Der Antennenkreis muß auf den Stoßkreis abgestimmt werden; das

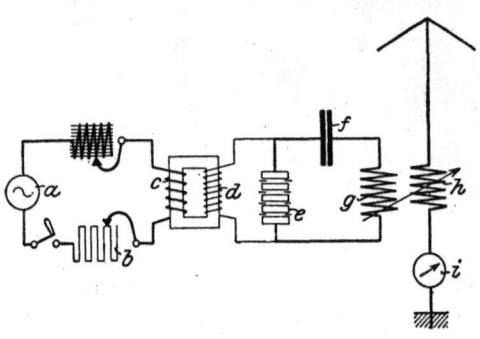

Abb. 83. Schaltbild des Löschfunkensenders.

geschieht durch das Antennenvariometer. Die Resonanz ist an dem maximalen Ausschlag des Antennenamperemeters i erkennbar.

Die Notwendigkeit, zur Überbrückung beträchtlicherer Entfernungen größere Energiemengen durch die Antenne zur Ausstrahlung zu bringen, ferner gewisse Fortschritte in den Empfangseinrichtungen (s. das Kapitel Elektronenröhren) gaben den Anlaß zum weiteren Ausbau des ungedämpften Systems. Hierbei handelte es sich darum, durch einen Schwingungserzeuger die hochfrequenten Wechselströme direkt zu erzeugen und einen darauf abgestimmten Schwingungskreis zu erregen.

Bei dieser Anordnung fehlt also die stark dämpfende Funkenstrecke; die in dem Kreis an und für sich vorhandene Dämpfung ist wirkungslos, da der Schwingungserzeuger jeden Verlust an Energie ersetzt. Die hier vorliegenden Verhältnisse entsprechen also vollkommen dem 3. Fall des auf S. 80 angeführten Vergleichsbeispiels. Ein anderes Beispiel ähnlicher Art wäre eine schwingende Schaukel. Sich selbst überlassen, stellt sie ein schwach gedämpft schwingendes System dar. Mit geringer Mühe vermag aber ein Knabe (die periodisch wirkende äußere Kraft) die Schaukel zu weitesten Ausschlägen anzuregen.

Zur Erregung der ungedämpften Wellen bedient man sich des Lichtbogengenerators, der Hochfrequenzmaschine oder der Elektronenröhre (s. darüber). Die Hochfrequenzerregung liegt dabei entweder direkt im Antennenkreise oder ist mit ihm induktiv oder galvanisch gekoppelt.

Mit der auf S. 104 skizzierten Empfangseinrichtung lassen sich ungedämpfte Wellen nicht aufnehmen. Die Frequenz dieser Wellen ist nämlich so groß, daß die Telephonmembran den schnellen Schwingungen nicht zu folgen vermag, zudem würde der dabei entstehende Ton außerhalb der Hörgrenze liegen. Soll im Telephon doch ein Ton entstehen, so muß man die ankommende Hochfrequenzschwingung auf der Empfangsstation erst zerhacken, bevor sie durch das Telephon hindurchgeht. Das geschieht durch besonders eingerichtete Unterbrecher, deren einfachster wohl der Ticker ist. Da er heute keine praktische Bedeutung mehr hat, wollen wir ihn nicht weiter beschreiben. Bewirkt der Ticker z. B. 500 Unterbrechungen in der Minute, so würde der zerhackte Hochfrequenzstrom auf das Telephon wirken wie ein 500mal zerhackter Gleichstrom, also einen Ton erzeugen. Es können somit Morsezeichen tönend aufgenommen werden. Diese Empfangsart hat aber heute nur noch geschichtliches Interesse. Trotzdem finden die ungedämpften Wellen immer ausgedehntere Verwendung.

12. Die Theorie der Elektronenröhre.

In unseren bisherigen Ausführungen hat der Begriff des elektrischen und magnetischen Feldes eine hervorragende Rolle gespielt; aber erst die Deutung der komplizierten Vorgänge beim Durchgang der Elektrizität durch Gase gab der Technik die Mittel in die Hand, die Entwicklung der drahtlosen Telegraphie und Telephonie in eine ganz andere mehr Erfolg versprechende Richtung zu drängen.

Im allgemeinen spricht man die Gase als Nichtleiter an; allein die Tatsache, daß ein mit Elektrizität geladener isoliert aufgestellter Körper auch in trockener Luft mit der Zeit seine Ladung verliert, zeigt, daß die Gase ganz schwache Leiter sind. Die neuere Forschung hat gezeigt, daß die Gase zu einem kleinen Bruchteil in Ionen (S. 5) zerfallen sind; taucht man in ein solches Gas die beiden Elektroden einer stark gespannten Elektrizitätsquelle, so werden die positiv geladenen Ionen, die Kationen, zum negativen Pol, zur Kathode, getrieben, während die Anionen von der Anode angezogen werden. Hier geben letztere ihr überschüssiges Elektron ab, erstere erhalten aus der Kathode das fehlende Elektron ersetzt, so daß beide, Anionen und Kationen, zu neutralen Gasmolekülen werden. Ist das zwischen den beiden Elektroden bestehende elektrische Feld stark genug, so werden die Gasionen auf ihrem Wege zur Elektrode solche Geschwindigkeiten annehmen, daß sie andere Gasmoleküle beim Auftreffen zertrümmern, sie in Kationen und Anionen spalten (Stoßionisation), wodurch eine dauernde Vermehrung der Ionen eintritt. Ein in die Zuleitung zu den Elektroden eingeschaltetes hochempfindliches Meßinstrument würde also einen Strom anzeigen.

Bei sehr hohen Spannungen sind besonders auch die aus der Kathode austretenden Elektronen hervorragend an dem Fortschreiten der Ionisierung beteiligt. Sie treffen auf neutrale Gasmoleküle und vereinigen sich dann mit den Atomen zu Anionen. Der Vorgang der Ionisierung ist mit eigentümlichen Lichterscheinungen verbunden.

Die Theorie der Elektronenröhre. 109

Am besten studiert man die eintretenden Erscheinungen in luftverdünnten Glasröhren (Geißlersche, Crookesche Röhren). Bei derartigen Röhren, in denen ein Luftdruck von einigen Millimetern herrscht, wird eine Spannung von etwa 1000 Volt an den Enden durch eingeschmolzene Platindrähte zugeführt. Die hohe Spannung erzeugt man vielfach durch einen Funkeninduktor. Doch sind die Erscheinungen besser zu übersehen, wenn eine Batterie als Stromquelle verwendet wird (12—15 Anoden-Batterien zu je 100 Volt in Reihenschaltung). Zur Sicherheit wird zwischen Röhre und Stromquelle ein Widerstand von etwa 100000 Ω gelegt. Bei abnehmendem Luftdruck vermindert sich die Zahl der Moleküle in der Röhre, so daß die vorhandenen Ionen einen größeren Weg zurücklegen, ohne auf Moleküle zu stoßen; es wächst die freie Weglänge und somit die kinetische Energie der Ionen. Daher macht sich die Ionisation durch Ionenstoß immer noch sehr stark geltend, obwohl die Zahl der Moleküle wesentlich verringert ist. Erhöht man die Potentialdifferenz an den Elektroden, so wächst zwar die Stromstärke; aber sie ist nicht proportional der Spannung, da der Durchgang der Elektrizität von dem Grade der Ionisation abhängig ist. Das Ohmsche Gesetz hat hier also keine Gültigkeit.

Ist der Gasdruck in einem Glasrohr, das zwei Platindrähte als Elektroden enthält, auf einige Millimeter Quecksilber erniedrigt, so geht beim Anlegen einer hinreichend hohen Spannung (1000 bis 2000 Volt Gleichstrom, die mit einem Zusatzwiderstand von 100000 Ohm an die Elektroden gelegt werden) ein konstanter Strom durch das Gas, und dieses wird auf einem Teile der Strombahn leuchtend. Die Kathode ist von dem negativen Glimmlicht bedeckt, während eine dünne Lichthaut, die sich in leuchtenden, durch dunkle Zwischenräume getrennten Schichten fortsetzt, die Anode überzieht. Negatives und positives Licht sind durch einen längeren dunklen Zwischenraum[1]) getrennt. Die Spannung fällt von der Anode nach der Kathode zu ab; besonders stark ist der Spannungsabfall zwischen negativem Glimmlicht und Kathode, man nennt ihn den Kathodenfall. Er ist für Stickstoff an Platinelektroden 230 Volt, bei Helium und Neon ist er kleiner, so daß bei einer Neon- oder Heliumfüllung eine niedere Spannung zum Betriebe der Röhre ausreicht. Helium- und Neonröhren werden (S. 89) als Schwingungsanzeiger bei Resonanzversuchen oft benutzt. Statt

---
[1]) Faradayscher Dunkelraum.

dessen läßt sich auch die in Abb. 84 dargestellte Glimmlampe der Osramgesellschaft verwenden.

Mit der Abnahme des Luftdrucks wird die Zahl der Gasmoleküle in der Röhre immer geringer. Beträgt der Luftdruck z. B. ein Milliardstel Atmosphäre, so sind nur noch 27 Millionen Moleküle im cm^3 enthalten, so daß die Gasionen kaum noch in nennenswertem Maße zur Einleitung und Unterhaltung eines elektrischen Stromes dienen können.

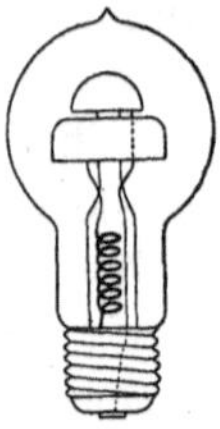

Mit solchen **Hochvakuumröhren**, in denen der Luftdruck weniger als ein Milliardstel Atmosphäre beträgt, wollen wir uns daher im folgenden ausschließlich beschäftigen. Ein gutes Vakuum ist an und für sich der beste Nichtleiter, den man sich denken kann.

Abb. 84. Glimmlampe der Osramgesellschaft.

In den bisher betrachteten Fällen erklärte sich der Stromdurchgang aus dem Vorhandensein der Gasionen. Bei den Hochvakuumröhren ist aber die Verdünnung so weit getrieben, daß von einer Beteiligung der Ionen an der Elektrizitätsleitung praktisch nicht mehr die Rede sein kann; Stromdurchgang kann hier nur erfolgen, wenn die Elektronen selbst von der Kathode zur Anode sich bewegen. Nun sind in Metallen zwar immer freie Elektronen (S. 5) vorhanden, die aber nur unter bestimmten Bedingungen austreten.

Aus einem Metalldraht, der in einem sehr hohen Vakuum zum Glühen gebracht wird, werden die Elektronen mit verschiedenen Geschwindigkeiten fortgeschleudert. Da aber infolge des Elektronenaustritts der Draht positiv elektrisch wird und außerdem das sich ausbildende Feld, die Raumladung, die Elektronen abstößt, bleiben sie in der Nähe des Glühdrahtes, diesen als Elektronenwolke umgebend.

Werden nun die einmal ausgestrahlten Elektronen dauernd fortgeführt, so können fortgesetzt neue Elektronen ausstrahlen. In Abb. 85 ist eine Hochvakuumröhre dargestellt, die als Katthode einen durch eine Batterie heizbaren Metallfaden c und als Anode ein einfaches Stück Blech a enthält. Die Anodenspannung wird durch eine Batterie f von 50 bis 1000 Volt Spannung geliefert. Unter dem Einfluß des zwischen Anode und Kathode bestehenden starken elektrischen Feldes werden die aus dem glühenden Heizdraht ausgetretenen Elektronen zur Anode getrieben. Dadurch kommt in dem Stromkreis ein elektrischer Strom, der Emissionsstrom, zustande, der durch ein Meßinstrument k gemessen werden kann. Wir wollen diesen mit Emissionsstrom J_e bezeichnen. Da die Zahl der austretenden Elektronen durch die Heiztemperatur des Fadens, ihre Fortführung durch die Anodenspannung bedingt ist, können wir den Elektronenstrom als Funktion der Heiztemperatur des Fadens und der Anodenspannung auffassen.

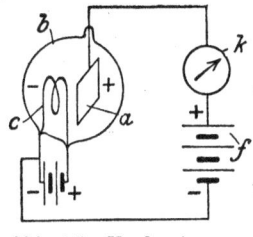

Abb. 85. Hochvakuumröhre mit zwei Elektroden.

Die von der Kathode zur Anode fliegenden Elektronen erzeugen ein elektrisches Feld, das der Elektronenemission entgegenwirkt. Der ganze Röhrenraum hat gleichsam eine elektrische Ladung, die Raumladung. Das durch die Anodenspannung erzeugte elektrische Feld wird durch die Raumladewirkung geschwächt. Wenn aber die Anodenspannung so groß ist, daß die Raumladewirkung keine Elektronen am Austritt aus dem Draht hindern kann, fliegen alle emittierten Elektronen zur Anode. Eine Vergrößerung der Anodenspannung hat dann keine Vergrößerung des Anodenstroms mehr zur Folge; dieser ist nun bloß noch eine Funktion von der Heiztemperatur. Demnach ergibt sich folgendes:

Bei niedriger Anodenspannung hindert die Raumladewirkung die Elektronenemission. Bei steigender Spannung steigt daher der Strom allmählich an, und zwar erst langsamer, dann schneller, schließlich wieder langsamer, um dann in einen Sättigungswert überzugehen (Abb. 86). Die Spannung, bei der keine Steigerung der Stromstärke mehr eintritt, heißt Sättigungsspannung und soll mit E_s bezeichnet werden. Der Strom geht dann in den Sättigungsstrom über, der mit J_s bezeichnet werden möge. Die Erhöhung der Anodenspannung über den Sättigungswert hinaus würde also keine Erhöhung der Stromstärke mehr zur Folge haben. Der

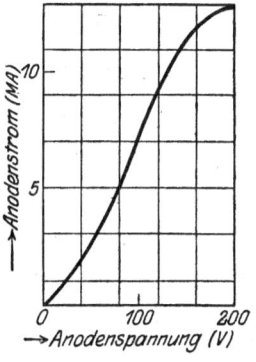

Abb. 86. Emissionsstrom als Funktion der Anodenspannung.

Sättigungswert E_s und mit ihm der Sättigungsstrom J_s liegt um so höher, je größer die Heiztemperatur ist.

Wir wollen nun in der in Abb. 85 dargestellten Röhre zwischen Anode und Kathode noch eine dritte Elektrode anbringen ein sog. Gitter. Dieses besteht gewöhnlich aus einer den Heizdraht umgebenden Spirale, wie Abb. 87 zeigt. Abb. 88 zeigt eine ältere Hochvakuumröhre von Telefunken. Die Anode umgibt meistens in Form eines zylinderförmigen Blechstückes Gitter und Heizfaden.

Legt man, wie in Abb. 89 dargestellt ist, an das Gitter d den positiven, an die Kathode c den negativen Pol einer Gleich-

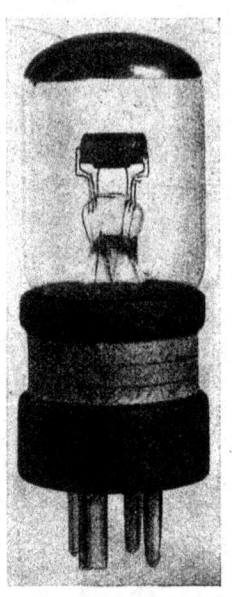

Abb. 88. Ältere Empfangsaudionröhre von Telefunken.

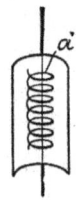

Abb. 87. Ausführungsform des Gitters und der Anode.

stromquelle h, so unterstützt das Gitter die Wirkung der Anode a, indem es die Raumladewirkung mit abschwächen hilft. Ein Teil der aus dem Heizdraht austretenden Elektronen tritt nun auch in das Gitter ein und erzeugt auch im Gitterkreis einen Strom, den Gitterstrom. Wir haben also jetzt zu unterscheiden zwischen dem Anodenstrom J_a, der durch die durch das Gitter hindurchtretenden Elektronen zustande kommt, und dem Gitterstrom J_g. Beide zusammen geben den Emissionsstrom J_e, der aus der Kathode austritt; es ist also

$$J_e = J_a + J_g \ldots \ldots \ldots \ldots (47)$$

Werden im Gitterkreis die Pole vertauscht, so wirkt jetzt die negative Ladung des Gitters abstoßend auf die Elektronen

Die Theorie der Elektronenröhre. 113

und hindert ihren Austritt, mithin sinkt der Gitterstrom J_g dann bald auf Null. Schon Gitterspannungen von —1 Volt bringen den Gitterstrom zum Verschwinden.

Um das Verhalten der Röhre beurteilen zu können, werden graphische Darstellungen der Beziehungen zwischen einzelnen für die Röhre wichtigen Größen aufgenommen. Solche Größen sind Heizstrom J_h, Anodenstrom J_a, Gitterstrom J_g, Anodenspannung E_a, Gitterspannung E_g und Emissionsstrom $J_e = J_a + J_g$. Die Linien, die eine funktionale Beziehung zwischen zweien dieser Größen abbilden, heißen Kennlinien der Röhre.

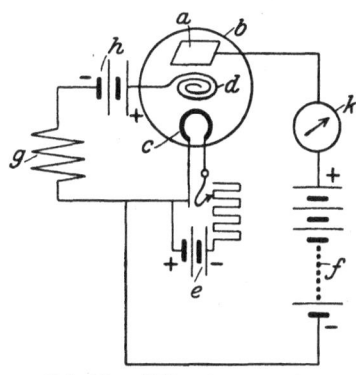

Abb. 89. Gitterstrom und Anodenstrom.

Wir wollen die wichtigsten dieser Linien hier kurz besprechen. Abb. 90 zeigt die Kurve, die den Anodenstrom J_a als Funktion der Gitterspannung E_g bei konstanter Anodenspannung darstellt. Längs einer Wagerechten sind die einzelnen Gitterspannungen in Volt, senkrecht dazu die zugehörigen Werte des Anodenstroms in Milliampere aufgetragen. Jede der 4 Kurven gilt für eine bestimmte Anodenspannung. Betrachtet man z. B. die Kurve für 100 Volt Anodenspannung, so sieht man, daß bei —1 Volt Gitterspannung die Kennlinie schon fast geradlinig ansteigt.

Auch der Gitterstrom J_g kann so als Funktion der Gitterspannung dargestellt werden (Abb. 91). Wie wir schon oben erwähnt haben, ist der Gitterstrom für Spannungen von etwa —1 Volt an abwärts Null, so daß also die Gitterstromlinie nur für positive Gitterspannungen vorhanden ist. Da kann sie allerdings zu beträchtlichen Werten ansteigen, kann sogar die Anodenstromkennlinie (J_a, E_g-Kennlinie) schneiden. Abb. 91 zeigt für eine konstante Anodenspannung (100 Volt) die Gitterstromlinie und die Anodenstromlinie; beide schneiden sich für eine Gitterspannung von etwa 110 Volt.

Zeichnet man bei konstanter Anodenspannung die Anoden- und die Gitterstromlinie und trägt nun zu jeder Gitterspannung die Summe des zugehörigen Anoden- und Gitterstroms auf (wie

114 Die Theorie der Elektronenröhre.

in Abb. 91 geschehen, dann erhält man eine neue Kennlinie, die den Emissionsstrom J_e, der ja nach (47) $= J_a + J_g$ ist, als Funktion der Gitterspannung darstellt. Die Emissionsstromlinie ist

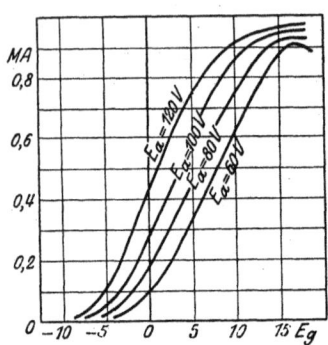

Abb. 90. Anodenstrom als Funktion der Gitterspannung.

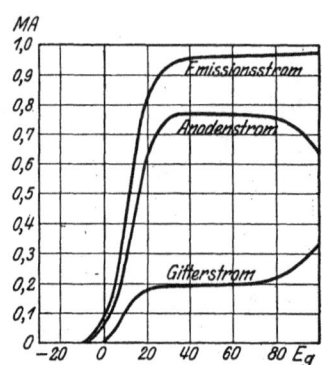

Abb. 91. Gitterstrom, Anodenstrom, Emissionstrom.

für uns besonders wichtig; ihrer Darstellung dient Abb. 92. Wagerecht sind die Gitterspannungen, senkrecht dazu die Stromstärken $J_e = J_a + J_g$ dargestellt. Dabei ist zu bedenken, daß J_g für negative E_g Null ist und für positive E_g meistens nur wenige Prozente des Anodenstromes J_a ausmacht, so daß Abb. 92 auch mit großer Annäherung den Anodenstrom J_a als Funktion der Gitterspannung E_g darstellt. Es braucht wohl nicht bemerkt zu werden, daß hierbei die Anodenspannung konstant gehalten werden muß. Man erhält so für jede Anodenspannung eine Kurve, im ganzen also eine Kurvenschar. In der Abb. 92 sind drei Kurven $J_e = f(E_g)$ für die Anodenspannungen 60, 80 und 100 Volt aufgenommen. Abb. 93 zeigt eine Kennlinie, die bei konstanter Gitterspannung den Anodenstrom J_a als Funktion der Anodenspannung E_a darstellt.

Es sind nun eine Reihe die Arbeitsweise der Hochvakuumröhre charakterisierende Bezeichnungen im Gebrauch, die wir jetzt erläutern wollen.

Der Emissionsstrom kommt auf Grund eines Feldes, das sich aus dem ganzen Gitterfeld und einem Teil des Anodenfeldes zusammensetzt, zustande. Die Anode wird nämlich durch das Gitter nicht vollständig abgeschirmt, so daß ein Teil ihres Feldes gleichsam durch das Gitter hindurchgreift. Diesen Bruchteil, der für die Entstehung des Emissionsstromes noch wirksam ist, nennen wir den Durchgriff D der Röhre. Ist also die Gitter-

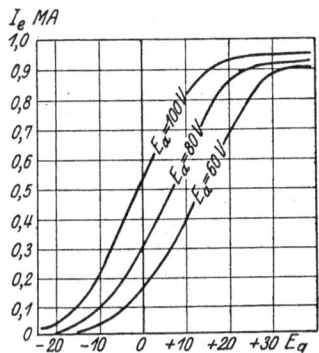
Abb. 92. Emissionsstrom als Funktion der Gitterspannung.

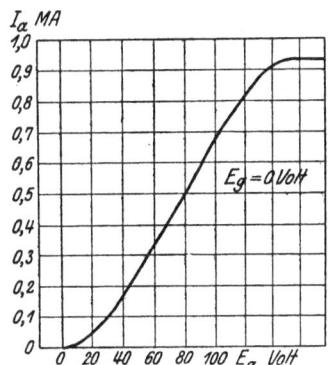
Abb. 93. Anodenstrom als Funktion der Anodenspannung.

spannung E_g, die Anodenspannung E_a, so erhalten wir für die Steuerung des Emissionsstromes die sog. Steuerspannung

$$E_e = E_g + D \cdot E_a \dots \dots \dots \dots (48)$$

Der Emissionsstrom ist nun eine Funktion der Steuerspannung, und er wird daher seinen Wert nicht ändern, solange diese konstant bleibt[1]). Wir erteilen also der Gitterspannung einen solchen Zuwachs, daß die Steuerspannung E_e dieselbe bleibt; offenbar muß dann E_a abnehmen. Bezeichnet man den Zuwachs von E_g mit ΔE_g und die Abnahme von E_a mit ΔE_a, so ist demnach

$$E_g + D \cdot E_a = (E_g + \Delta E_g) + D \cdot (E_a - \Delta E_a),$$

woraus folgt

$$D = \frac{\Delta E_g}{\Delta E_a} = \frac{\text{Änderung der Gitterspannung}}{\text{Änderung der Anodenspannung}} \quad . \quad (49)$$

Der Durchgriff ist somit gleich dem Verhältnis der Änderung der Gitterspannung zu der Änderung, die die Anodenspannung erfahren muß, damit der Emis-

---

[1]) Es ist nämlich nach dem Raumladungsgesetz von Langmuir und Schottky $J_e = K \cdot E_e^{\frac{3}{2}} = K \cdot (E_g + D \cdot E_a)^{\frac{3}{2}}$, für $0 < E < E_s$ gültig. Hier ist K eine Konstante, die von dem Bau der Röhre abhängig ist (E_s Sättigungsspannung).

sionsstrom bei der Änderung der Gitterspannung sich nicht ändert. Die Abb. 90 erlaubt uns daher auch, den Durchgriff der Röhre zu bestimmen. Zieht man in dem am steilsten verlaufenden Teil der Kurve eine Wagerechte von einer Kennlinie bis zur nächsten, so gibt diese die Änderung von E_g gleich ΔE_g an (hier 2 Volt), während ΔE_a durch die Differenz der Anodenspannungen, für die die Kurven aufgenommen sind, erhalten wird. Sie ist hier 20. Es ist also $D = \dfrac{2}{20} = 0{,}10$.

Der Durchgriff ist am kleinsten bei engmaschigem Gitter, ferner bei geringer Entfernung des Gitters vom Heizfaden. Übrigens läßt sich auch die Abb. 92 zur Ermittelung des Durchgriffs benutzen.

Die hier angegebene Methode zur Ermittelung des Durchgriffs ist zwar auch eine experimentelle, da ja die benutzten Kennlinien experimentell ermittelt werden; man könnte sie wohl als eine indirekte bezeichnen. In der messenden Physik ist es immer wertvoll, wenn zur Kontrolle dann noch eine direkte Methode zur Verfügung steht. Das ist nun auch hier der Fall.

In Abb. 94 wird die Erhöhung von E_g um ΔE_g durch einen kleinen Wechselstromgenerator bewirkt. Die Polklemmen sind durch einen Widerstandsdraht AB verbunden. Wird nun ein beliebiger Punkt des Meßdrahtes AB, etwa S, mit dem $-$-Pol der Heizbatterie H verbunden, so werden A und B bei Inbetriebnahme des Wechselstromgenerators immer entgegengesetztes Potential gegenüber S, also auch gegenüber der Kathode haben. Steigt also die Gitterspannung E_g um den von dem Generator gelieferten Betrag ΔE_g an, so wird die Spannung im Anodenkreise gleichzeitig um ΔE_a sinken. Es ist auch hier nach dem Ohmschen Gesetz $\Delta E_g = J \cdot W_g$, $\Delta E_a = J \cdot W_a$, wenn J die Stromstärke in AB, W_a und W_g die Widerstände von BS und AS bezeichnen. Eine Änderung der Stromstärke im Anodenkreis wird nur dann nicht eintreten, wenn $\Delta E_g = D \cdot \Delta E_a$ oder $J \cdot W_g = D \cdot J \cdot W_a$ ist, d. h. wenn $W_g = D \cdot W_a$ ist.

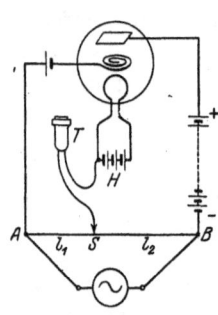

Abb. 94. Bestimmung des Durchgriffs nach der Brückenmethode.

In diesem Falle würde ein in die Verbindung mit der Kathode gelegtes Telephon T auf die Frequenz des Wechselstroms nicht ansprechen. Ist AB ein linearer Draht, so ist $D = \dfrac{l_1}{l_2}$. Würde z. B. $l_1 = 10$ cm, $l_2 = 90$ cm sein, so wäre der Durchgriff 0,11. Der Durchgriff ist eine durch die Bauart der Röhre bedingte Größe, die innerhalb eines ziemlich weiten Bereiches als konstant angesehen werden darf, obwohl sie streng genommen auch eine Funktion der Gitter- und Anodenspannung ist.

Abb. 90 zeigt, daß für einen ziemlich großen Bereich der Anodenspannung jede Anodenstrom-Gitter-Kennlinie einen sehr geradlinig und steil verlaufenden Teil hat. Hier genügt also schon eine geringfügige Änderung der Gitterspannung E_g, um eine beträchtliche Änderung des Anodenstromes hervorzurufen. Immer also, wenn es sich darum handelt, durch eine schwache Änderung der Gitterspannungen große Stromschwankungen zu erzielen, wird man eine Anodenspannung wählen, für die die Kennlinie diesen charakteristischen Verlauf zeigt, und wir sehen, daß uns da ein ziemlich ausgedehntes Gebiet von Anodenspannungen zur Verfügung steht. Ein Maß für die soeben gekennzeichnete Eigenschaft der Röhre bietet die **Steilheit der Kennlinie** (Abb. 90). **Diese wird am besten gemessen durch das Verhältnis der Stromstärkeänderung zu der Änderung der Gitterspannung, die diese Stromstärkeänderung bewirkt; es heißt die Steilheit der Röhre.** Hat also eine Zunahme der Gitterspannung um den kleinen Betrag ΔE_g eine Zunahme der Stromstärke um ΔJ_a zur Folge, dann ist die Steilheit

$$S = \frac{\Delta J_a}{\Delta E_g} = \frac{\text{Änderung des Anodenstromes}}{\text{Änderung der Gitterspannung}} \quad . \quad (50)$$

Die Steilheit ist nichts anderes als die trigonometrische Tangente des Neigungswinkels der Geraden, die die Richtung der Anodenstrom-Gitter-Kennlinie angibt, bezüglich der Geraden, auf der die Gitterspannungen verzeichnet sind. Die Steilheit hat in einem verhältnismäßig weiten Gebiet einen Höchstwert. Besonders wichtig für unsere Zwecke sind Röhren, die bei nicht zu hoher Anodenspannung schon in der Umgegend von 0 Volt Gitterspannung diesen Höchstwert der Steilheit besitzen. Solche Röhren haben ja bekanntlich keinen oder doch sehr schwachen Gitterstrom. Die Steilheit einer Röhre wird gemessen in Ampere/Volt, sie entspricht also dem umgekehrten Wert eines Widerstandes, hat also den Charakter eines Leitwertes.

Der Anodenstrom ist in Abb. 93 als Funktion der Anodenspannung dargestellt. Das Verhältnis einer kleinen Änderung der Anodenspannung zu der entsprechenden Änderung des Anodenstroms, also den Bruch $\frac{\Delta E_a}{\Delta J_a}$ nennt man den inneren Widerstand einer Röhre, bezeichnet mit R_i. Diese Größe ist nicht etwa der Ohmsche Widerstand der Röhre für Gleichstrom, der einfach gleich $\frac{E_a}{J_a}$ sein würde. Falls aber dem Gleichstrom im Anodenkreis ein Wechselstrom überlagert wird, dann muß für diesen Wechselstrom, wenn er hinreichend klein bleibt, die Röhre einen Widerstand gleich R_i zeigen. In Abb. 95 ist außer der Gleichstromquelle, die E_a liefert, noch ein Wechselstromgenerator für schwache Wechselspannungen in den Anodenkreis geschaltet. Steigt nun die Spannung E_a um einen sehr kleinen Betrag ΔE_a, den die Wechselstromquelle liefert, so steigt auch der Anodenstrom J_a um den kleinen Wert ΔJ_a, den das eingeschaltete Meßinstrument (⑦) anzeigt. Mithin ist die Auffassung berechtigt, daß der Stromzuwachs ΔJ_a durch den Spannungszuwachs ΔE_a hervorgerufen ist. Für den Wechselstromgenerator bedeutet darum die Röhre einen Ohmschen Widerstand

$$R_i = \frac{\Delta E_a}{\Delta J_a} = \frac{\text{Änderung der Anodenspannung}}{\text{Änderung des Anodenstromes}}. \qquad (51)$$

Aus diesem Grunde kann man R_i auch nach der Brückenmethode von Wheatstone messen. Die Schaltung zeigt Abb. 96.

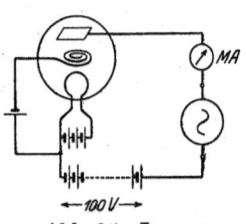
Abb. 95. Innerer Widerstand.

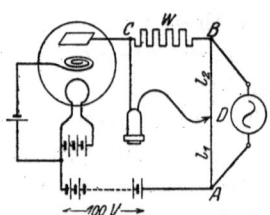
Abb. 96. Ermittlung des inneren Widerstands.

Als Stromquelle dient wieder ein kleiner Wechselstromgenerator, der die Spannungsdifferenz ΔE_a liefert. Die Anordnung ist ganz

Die Theorie der Elektronenröhre. 119

dieselbe wie die auf S. 41 (Abb. 26) dargestellte. Genau wie dort findet man daher den Widerstand R_i nach der Gleichung

$$R_i = \frac{l_2}{l_1} W,$$

wo l_1 und l_2 die Längen der Drahtstücke AD und BD bezeichnen. Die Nullstelle wird durch ein Telephon ermittelt (s. auch Abb. 56).

Ferner kann man R_i aus der Abb. 93 bestimmen. Für $E_a =$ 90 Volt erhält man z. B. $R_i = \frac{20}{0{,}00018} = 111\,111$ Ohm.

Die hier beschriebenen Größen Durchgriff, Steilheit und innerer Widerstand sind für jede Röhre bei konstantem Heizstrom Funktionen dreier Veränderlicher, nämlich der Gitterspannung, der Anodenspannung und des Anodenstroms; von diesen Veränderlichen

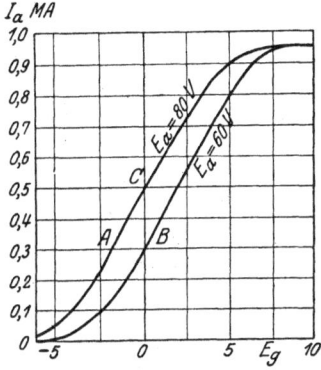

Abb. 97. Bestimmung der Größen D, S, R_i.

ist allerdings immer eine von den beiden anderen abhängig. Multipliziert man die Gleichungen (49), (50), (51) miteinander, so erhält man

$$D \cdot S \cdot R_i = \frac{\Delta E_g}{\Delta E_a} \cdot \frac{\Delta J_a}{\Delta E_g} \cdot \frac{\Delta E_a}{\Delta J_a} = 1 \quad \ldots \ldots (52)$$

Der Leser wolle diese Beziehung auch noch an der Abb. 97 bestätigen. Hier ist $\Delta E_g = 1{,}8$ Volt, $\Delta E_a = 20$ Volt, $\Delta J_a = 0{,}0002$ Ampere. Daraus ergibt sich $D = 0{,}09$, $S = 0{,}00011$ Amp/Volt, $R_i \doteq 100\,000$ Ohm (Dreieck ABC).

Gleichung 52) ist sehr wichtig, da sie uns die Möglichkeit gibt, aus zweien der drei Größen D, S, R_i die dritte zu berechnen.

Beispiel: Der Arbeitspunkt einer Röhre sei charakterisiert durch $E_a = 90$ Volt, $E_g = -1$ Volt, $J_a = 0{,}5 \cdot 10^{-3}$ Ampere. Gemessen wurde bei dieser Röhre für $E_a' = 70$ Volt, $E_g' = +0{,}25$ Volt, $J_a' = 0{,}5 \cdot 10^{-3}$ Ampere, $E_a'' = 90$ Volt, $E_g'' = +0{,}25$ Volt, $J_a'' = 0{,}7 \cdot 10^{-3}$ Ampere.

Es ist hiernach $D = \dfrac{E_g' - E_g}{E_a - E_a'} = 0{,}0625$; $S = \dfrac{J_a'' - J_a}{E_g'' - E_g} = 1{,}6 \cdot 10^{-4}$ Amp./Volt $R_i = \dfrac{E_a'' - E_a'}{J_a'' - J_a'} = 100\,000$ Ohm. $D \cdot S \cdot R_i = 0{,}0625 \cdot 1{,}6 \cdot 10^{-4} \cdot 10^5 = 1$.

Wird die Gleichspannung E_g um den Betrag ΔE_g erhöht, so ändert sich der Anodenstrom um ΔJ_a. Wir können das so auffassen, als sei in dem Anodenkreis außer der Anodengleichspannung E_a noch eine Zusatzspannung ΔE_a vorhanden, die den Strom ΔJ_a^- nach dem Ohmschen Gesetz erzeuge. Ist also der innere Widerstand der Röhre R_i und befindet sich im Anodenkreis noch der äußere Widerstand R_a, so ist diese fingierte Anodenspannung

$$\Delta E_a = \Delta J_a (R_i + R_a).$$

Da aber nach (49) $\Delta E_a = \dfrac{\Delta E_g}{D}$, erhalten wir

$$\frac{\Delta E_g}{D} = \Delta J_a (R_i + R_a) \quad \ldots \ldots \quad (53)$$

Diese Gleichung könnte man wohl als **Ohmsches Gesetz der Vakuumröhre** bezeichnen; sie zeigt die funktionale Abhängigkeit eines dem Anodenstrom überlagerten Wechselstroms von der Gitterwechselspannung. Sie gilt auch, wenn noch ein induktiver oder kapazitiver Widerstand eingeschaltet wird; nur muß man dann die bekannten Sätze über die Wechselstromwiderstände beachten. Befindet sich in dem Anodenkreis z. B. eine Spule, deren Ohmscher Widerstand R_a und deren Selbstinduktionskoeffizient L_a ist, so erhält man (38)

$$\frac{\Delta E_g}{D} = \Delta J_a \sqrt{(R_i + R_a)^2 + \omega^2 L_a^2} \quad \ldots \ldots \quad (54)$$

Zudem findet nach (37b) eine Phasenverschiebung statt.

Die Leistung des Wechselstroms im Anodenkreis ist auch von dem äußeren Widerstand abhängig; für uns ist die Frage wichtig, wann diese Leistung einen Höchstwert erreicht. Wir beantworten sie zunächst für Gleichstrom. Ist E die elektromotorische Kraft, W_i der innere, W_a der äußere Widerstand, so ist die Stromstärke $J = \dfrac{E}{W_i + W_a}$ und die für die Leistung im äußeren Stromkreis vorhandene Spannung $E_1 = E - J \cdot W_i$. Die Leistung N_a ist somit $E_1 \cdot J$, also $N_a = E \cdot J - J^2 \cdot W_i$. Für $J = 0$ ist nun zunächst $N_a = 0$; wächst nun J, so wächst N_a so lange, als die Zunahme des ersten Ausdrucks rechts größer ist als die des linken. Sind beide gleich, so hat N_a seinen Höchstwert. Ist aber bei Vergrößerung von J die Zunahme des letzten

Die Theorie der Elektronenröhre. 121

Gliedes größer als die des ersten, so nimmt N_a wieder ab. N_a hat also dann und nur dann einen Höchstwert, wenn sowohl bei einer Zunahme als auch bei einer Abnahme von J die Leistung N_a kleiner wird. Lasse ich also J um einen kleinen Betrag ΔJ wachsen, so ergibt sich
$$N_a' = E \cdot (J + \Delta J) - (J + \Delta J)^2 W_i$$
oder $\quad N_a - N_a' = - E \cdot \Delta J + W_i (2 J \cdot \Delta J + \Delta J^2) > 0.$
Es muß also $\quad W_i \cdot (2 J + \Delta J) > E$
sein. Ebenso findet man, wenn man J um ΔJ vermindert, daß
$$W_i \cdot (2 J - \Delta J) < E.$$
Diese beiden Bedingungen können aber für jedes noch so kleine ΔJ nur erfüllt sein, wenn $W_i \cdot 2 J = E$ oder
$$J = \frac{E}{2 W_i}.$$
In diesem Falle muß aber, da $J = \dfrac{E}{W_i + W_a}$ ist,
$$W_i = W_a$$
sein, das ist also die Bedingung für die Höchstleistung[1]).

Dieselben Überlegungen würden im vorliegenden Falle das Resultat ergeben $R_i = R_a$. Die Leistung erreicht also im Anodenkreis ihren Höchstwert, wenn
$$R_i = R_a. \quad \ldots \ldots \ldots \quad (55)$$
Wird nun dem Gitter eine Wechselspannung zugeführt, deren Effektivwert wir mit $\bar{E}_g$ bezeichnen wollen, so wird dem Anodenstrom ein Wechselstrom überlagert, dessen Effektivwert mit $\bar{J}_a$ bezeichnet werden möge. Bei induktionsfreier Belastung ist dann die Leistung, die an den Widerstand R_a im Anodenkreis abgegeben wird,
$$N_a = \bar{J}_a^2 \cdot R_a \quad \ldots \ldots \ldots \quad (56)$$
oder nach (53)
$$N_a = \frac{\bar{E}_g^2 \cdot R_a}{D^2 (R_i + R_a)^2}.$$

---

[1]) Etwas schneller kommt man durch Anwendung der Differentialrechnung zum Ziel. Es ist $\dfrac{dN_a}{dJ} = E - 2 J \cdot W_i$. Die Bedingung für ein Maximum der Leistung ist $\dfrac{dN_a}{dJ} = 0$. Hieraus ergibt sich $J = \dfrac{E}{2 W_i}$, also $W_i = W_a$. Da $\dfrac{d^2 N_a}{dJ^2}$ negativ, handelt es sich wirklich um ein Maximum.

Hieraus ergibt sich die Maximalleistung, die nach (55) für $R_a = R_i$ eintritt, zu

$$N_{a\,max} = \frac{\overline{E}_g^2 \cdot R_i}{D^2 \cdot 4 R_i^2}$$

$$= \frac{\overline{E}_g^2}{4 D^2 \cdot R_i} \quad \ldots \ldots \ldots (57)$$

Die Maximalleistung einer Röhre ist daher um so größer, je größer der Bruch $\frac{1}{D^2 \cdot R_i}$ ist. Man bezeichnet diesen Ausdruck deshalb auch als Güte der Röhre, so daß sich ergibt

$$G_r = \frac{1}{D^2 \cdot R_i}.$$

Wir können den Ausdruck für die Güte der Röhre noch etwas umformen, wenn wir die Beziehung $D \cdot S \cdot R_i = 1$ berücksichtigen; danach wird

$$G_r = \frac{S}{D} \quad \ldots \ldots \ldots (58)$$

Wichtig ist für die Funktechnik auch noch der Wirkungsgrad η, der durch das Verhältnis der erzielten Leistung zur maximalen angegeben wird. Aus (56) und (57) ergibt sich durch Division

$$\eta = \frac{N_a}{N_{a_{max}}} = \frac{4 R_i \cdot R_a}{(R_i + R_a)^2}$$

$$= \frac{4 \dfrac{R_a}{R_i}}{\left(1 + \dfrac{R_a}{R_i}\right)^2} \quad \ldots \ldots \ldots (59)$$

(F. u. T. S. 52—59).

Beispiel: Wieviel Prozent der maximalen Leistung im Anodenkreis erhält man, wenn der innere Widerstand der Röhre 72000 Ω und der Widerstand im Anodenkreis (Hörer) 12000 Ω beträgt?

Nach Formel (59) ist $\frac{R_a}{R_i} = \frac{1}{6}$, und man erhält $\eta = \frac{24}{49} \sim 50\%$.

Die Entwicklung der Röhrentheorie und -technik wurde durch den Weltkrieg zwangsläufig gefördert. In der ersten Zeit nach dem Kriege standen besonders zwei Probleme in der Röhrenfabrikation im Vordergrunde: die Vervollkommnung des Vakuums und die richtige Dimensionierung und Anordnung der Metallteile in der Röhre, damit man geeignete Werte für die Steilheit, den Durchgriff und den inneren Widerstand erhielt. Mit Hilfe der neuen Präzisionshochvakuumpumpen läßt sich ein vorzügliches Vakuum erreichen; in der Verfolgung des zweiten Problems langte man aber bald bei einer Grenze an, die durch die Emissionsfähigkeit des benützten Heizfadens aus Wolfram gesetzt wurde. Die erforderliche Höchstemission tritt bei diesem Metall erst kurz vor dem Schmelzpunkt (2600°) ein, so daß die erzielte Emission eine verhältnismäßig hohe Heizleistung zur Voraussetzung hatte.

Man geht daher in neuester Zeit dazu über, das Verhältnis der Emission zur Heizleistung zu erhöhen. Für Thoriummetall und Thoriumoxyd liegt die günstigste Emissionstemperatur zwischen 1500 und 1700°, also etwa 900° unter der Temperatur, die man bei Wolfram anwenden muß. Die Thoriumröhre besitzt als Kathode einen Faden aus Wolfram, dem einige Prozent Thorium oder Thoriumoxyd beigemengt sind. Derartige Röhren sind gegen Überhitzung sehr empfindlich.

Schon bei 600° (Rotglut) weisen die Oxyde der Erdalkalien eine hohe Emission auf. Trotz anfänglicher Schwierigkeiten ist es heute gelungen, zuverlässig arbeitende Röhren zu konstruieren. Bei den Thorium- und Oxydröhren beträgt die Stromstärke bei 2 Volt Heizspannung etwa 0,1 bis 0,2 Amp.

Wesentlich kleinere Stromstärken (bis 0,03 Amp. herunter) sind bei den Ultraröhren, die eine Hydritkathode haben, erreicht worden. In den Abb. 98 und 99 sind zwei Sparröhren der Firma Telefunken dargestellt.

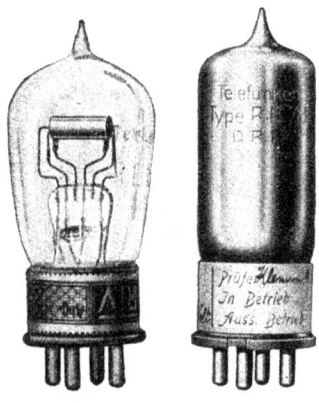

Abb. 98 u. 99. Sparröhren der Firma Telefunken.

13. Verwendung der Elektronenröhre in der Funktechnik.

a) Röhrensender.

Auf den vorstehenden mehr theoretischen Ausführungen beruht die Anwendung der Elektronenröhre in der Funktechnik.

Zunächst soll hier kurz eingegangen werden auf die Bedeutung der Röhre für die **Aussendung elektrischer Wellen**.

Wir sahen 53), daß eine Gitterwechselspannung e_g im Anodenkreis einen Wechselstrom der Größe $i_a = \dfrac{e_g}{D\,(R_i + R_a)}$ zur Folge hat, der dem dort fließenden Gleichstrom sich überlagert. Man kann nun die zur Erzeugung des Wechselstromes i_a erforderliche Wechselspannung e_g wieder aus dem Anodenkreis entnehmen, wenn man sich etwa folgender Schaltung bedient (Abb. 100): In den Anodenkreis der Röhre ist ein Schwingungskreis L, C gelegt. Mit der Selbstinduktionsspule L dieses Kreises ist die Selbstinduktionsspule L_g des Gitterkreises gekoppelt, so daß ein in L fließender Wechselstrom in L_g eine Wechselspannung derselben Periode induziert. Wird nun die im Anodenkreis liegende Gleichspannung in Betrieb gesetzt, so entsteht in der Selbstinduktionsspule L ein magnetisches Feld, das eine dem Gleichstrom entgegenwirkende Selbstinduktionsspannung erzeugt. Diese lädt nun den Kondensator C auf, und der Schwingungskreis beginnt mit der ihm eigentümlichen Frequenz zu schwingen. Da aber L mit L_g gekoppelt ist, werden auch in L Wechselspannungen induziert. Nach Gleichung (53) wird dann aber im Anodenkreis ein Wechselstrom erzeugt, der sich dem Anodenstrom überlagert und ihn verstärkt oder schwächt, je nachdem, ob er gleiche oder entgegengesetzte Richtung hat. Wir wollen uns die hier vorliegenden Verhältnisse an dem ersten Schwingungsimpuls klarmachen, der beim Schließen des Anodenstroms entsteht. Der erste Schwingungsimpuls, das folgt aus den Gesetzen der Selbstinduktion, ist dem Anodenstrom entgegengerichtet, schwächt ihn also. Um diese Wirkung noch zu erhöhen, muß das Gitter negativ werden. Die Gitterspule L muß also so angepolt werden, daß das Gitter negativ ist, wenn die Schwingungsimpulse im Anodenkreis den Anodenstrom schwächen, positiv, wenn sie ihn verstärken. Bei richtig angepolter Gitterspule L_g wird somit der in dem Schwingungskreis eingeleitete Schwingungsvorgang immer kräftiger angeregt werden und schließlich einen Höchstwert erreichen. Wir haben hier etwas Ähnliches wie bei dem dynamoelektrischen Prinzip von Werner v. Siemens.

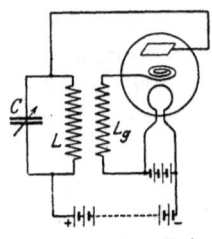

Abb. 100. Die Röhre als Schwingungserzeuger.

Verwendung der Elektronenröhre in der Funktechnik.

Das schwache remanente Feld der Elektromagnete induziert im Anker einen Strom, der zur Verstärkung des Feldes um die Elektromagnete geführt wird, wodurch nun wieder die Stromstärke im Anker wächst.

Das soeben beschriebene Prinzip heißt nach A. Meißner das Rückkopplungsprinzip. Es handelt sich also darum, daß im Anodenkreise entstehende Stromschwankungen so auf das Gitter zurückwirken, daß sie verstärkt werden. Die Rückkopplung kann wie hier induktiv sein. Es gibt natürlich auch kapazitive und galvanische Rückkopplungen. Ja, es kann sogar die zwischen Gitter und Anode in der Röhre bestehende Kapazität zur Rückkopplung führen (vgl. S. 142).

Werden die Schwingungen, die infolge der Rückkopplung im Kreise C, L (Abb. 100) entstehen, auf einen strahlungsfähigen Schwingungskreis, einen Antennenkreis, übertragen, so sendet dieser ungedämpfte elektromagnetische Wellen aus. Die größte Zahl der Sender für ungedämpfte Wellen sind heute solche Röhrensender. Man hat Röhren im Betrieb, die 10 Kilowatt und mehr Energie leisten. Der Vorzug der Röhrensender besteht darin, daß sie ungedämpfte elektromagnetische Wellen von genau gleichbleibender Frequenz geben, und daß der Übergang zu einer anderen Wellenlänge im Augenblick möglich ist. Der erstere Umstand ist für den Empfang ungedämpfter Wellen, wie später ausgeführt wird, von einschneidender Bedeutung. Abb. 101 zeigt den Verlauf einer ungedämpften Welle.

Mit Hilfe der Elektronenröhre konnte auch das Problem der drahtlosen Telephonie einer befriedigenden Lösung zugeführt werden. Hier handelte es sich vor allen Dingen darum, den elektrischen Wellen einen den Vibrationen der Luft beim Sprechen, den Schallwellen, entsprechenden Charakter

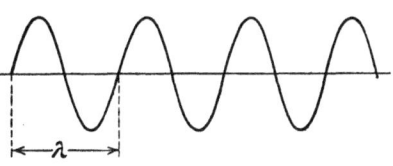

Abb. 101. Ungedämpfte Welle.

aufzudrücken, der im Empfänger die Wiederherstellung der Sprachschwingungen gestattet. Ein kurzer Hinweis auf die Lehre vom Schall ist zum Verständnis unerläßlich.

Bekanntlich werden Töne und Geräusche durch Schwingungen

126 Verwendung der Elektronenröhre in der Funktechnik.

elastischer Körper erzeugt und meistens durch die Luft fortgeleitet, die dabei periodisch in der Fortpflanzungsrichtung hin- und herschwingt; die entstehenden Luftwellen sind also Längswellen, die sich mit konstanter Geschwindigkeit, etwa 340 m/sec, fortpflanzen. Würde man die einem bestimmten Ton, etwa a, entsprechende Wellenbewegung graphisch aufnehmen, so würde man eine regelmäßige Kurve erhalten, die als Grundkurve die Sinuslinie und darüber hinaus mehr oder weniger große Einbuchtungen und Verzerrungen erkennen ließe. Jedem Ton entsprechen nämlich außer einer Grundschwingung eine Reihe von Oberschwingungen, die seine Klangfarbe ausmachen. Bei den Lauten der Sprache wird das Bild für die Konsonanten besonders kompliziert. Abb. 102 zeigt die mit dem Dudell-Oszillographen aufgenommenen Schwingungskurven einiger Vokale.

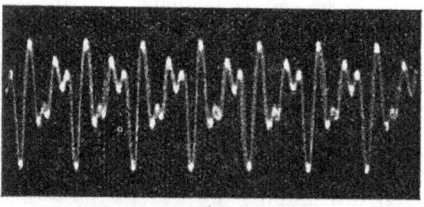

Vokal a.

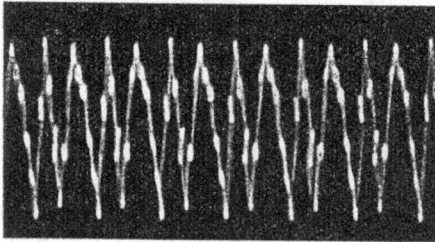

Vokal e.

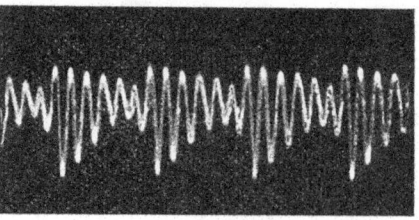

Vokal i.

Abb. 102. Schwingungskurven einzelner Vokale.

Im Sender müssen nun die elektromagnetischen Wellen so durch die Sprache beeinflußt werden, daß das Telephon des Empfängers die gesprochenen Worte wiedergibt. Für diesen Zweck sind offenbar Sender für gedämpfte Wellen nicht geeignet. Ein Löschfunkensender gibt z. B. in der Sekunde etwa 1000 Wellenzüge, da ja bei jedem Funkenübergang im Stoßkreis im Sekundärkreis ein Wellenzug ausschwingt. Bei einer Wellenlänge von

Verwendung der Elektronenröhre in der Funktechnik. 127

2500 m ist die Frequenz $\frac{300\,000\,000}{2500} = 120\,000$. Bei der im Sekundärkreis unvermeidlichen Dämpfung ist die Schwingung etwa nach 12 Perioden ausgelöscht. Jede Unterbrechung dauert $\frac{1}{1000}$ Sekunde. Da die Periode $\frac{1}{120\,000}$ ist, dauert das Abklingen jeder durch einen Funken ausgelösten Schwingung $\frac{1}{10\,000}$ Sekunde, so daß also die Pause zwischen zwei Schwingungszügen 9 mal so lang ist, als die Schwingung andauert. Daß man hierdurch den Feinheiten der Sprache nicht gerecht werden kann, dürfte ohne weiteres klar sein.

Erst als die Vorrichtungen für ungedämpfte Wellen ausgebaut waren, konnte darum das Problem der Wellentelephonie mit Erfolg in Angriff genommen werden, und zwar war es da wieder die Elektronenröhre, die die Lösung des Problems wegen der absoluten Gleichmäßigkeit der Wellen in idealer Weise ermöglichte. Es handelt sich jetzt darum, den ungedämpften Wellen den Sprachschwingungen entsprechende Wellen zu überlagern, die durch den Empfänger dann aus der ankommenden Welle wieder herausgesiebt werden, genau so, wie in der Leitungstelephonie dem Gleichstrom der Leitung den Sprachschwingungen entsprechende Wechselströme aufgedrückt werden, die im Hörer dann für sich empfangen werden.

Eine gebräuchliche Senderschaltung zeigt Abb. 103. Der Mikrophonkreis mit dem Mikrophon e, der Stromquelle f, dem Regulierwiderstand g ist durch den Transformator c, d, dessen Sekundärwicklung sehr viele Windungen hat, mit dem Gitterkreis der Röhre gekoppelt. Infolge der Rückkoppelung a/b wird die Antenne zu ungedämpften Schwingungen erregt, deren Frequenz durch den Drehplattenkon-

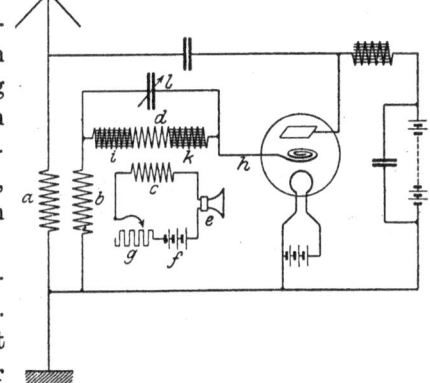

Abb. 103. Senderschaltung für drahtlose Telephonie.

densator und das Antennenvariometer (nicht gezeichnet) eingestellt werden kann. Die Drosseln i und k bilden einen großen Widerstand für die hochfrequenten Gitterströme. Der Kondensator l blockiert die Sprachströme, die in der Sekundärwicklung des Transformators induziert werden; er darf daher nur einige hundert Zentimeter Kapazität haben.

Die infolge der Rückkopplung in der Antenne induzierte **ungedämpfte Welle**, der die Sprachschwingungen aufgedrückt werden, heißt die **Trägerwelle**; sie wird durch die Sprachschwingungen „moduliert", weshalb man diese **Modulationswelle** nennt.

Abb. 104 zeigt eine modulierte ungedämpfte Welle. Im unbeeinflußten Zustand soll der Sender die Amplitude i_0 haben (die ersten drei Wellenzüge in der Zeichnung). Wird der Sender bei der Besprechung nun durch eine reine Sinusschwingung von Tonfrequenz beeinflußt, so schwankt die Amplitude der Senderwelle nach oben und unten und zwar im günstigsten Falle um die Amplitude $b i_0$ der Modulationswelle, so daß die Amplitude der modulierten Welle einen Maximalwert von

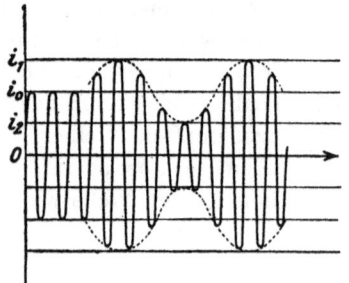

Abb. 104. Symmetrische Modulation einer ungedämpften Welle.

$i_1 = i_0 + b \cdot i_0 = i_0 (1 + b)$ und einem Minimalwert $i_2 = i_0 - b i_0 = i_0 (1 - b)$ hat. b ist der sog. **Beeinflussungsfaktor**. Der Höchstwert für b ist 1. Wichtig ist der Fall der **symmetrischen Beeinflussung**, bei der die Beeinflussung nach oben und unten absolut gleichmäßig ist.

Bei unsymmetrischer Beeinflussung, d. h. wenn die Erhöhungen der Amplituden der Trägerwelle von den Verminderungen verschieden sind, treten Verzerrungen ein, was wir uns an Abb. 105 einmal erläutern wollen. In dem oberen Teil der Abbildung sind die modulierten Antennenschwingungen, im unteren Teil die diesen entsprechenden Ströme im Empfänger gezeichnet. Fall a) zeigt die symmetrische Beeinflussung, bei der der Strom im Empfänger ein genaues Abbild der beeinflussenden Schwingungen ist. Bei b) sind die Amplituden der Trägerwelle so hoch, daß eine

Verwendung der Elektronenröhre in der Funktechnik.

Steigerung kaum möglich erscheint, dagegen ist eine Abnahme bis Null wohl möglich. Dementsprechend fällt auch die Tonkurve im Empfänger aus. Auch im Fall c), wo die Trägerwelle eine sehr kleine Amplitude hat, entsteht eine verzerrte Tonwidergabe im Empfänger, da in diesem Falle die Vergrößerung der Amplitudenwerte in viel stärkerem Maße möglich ist als die Abnahme.

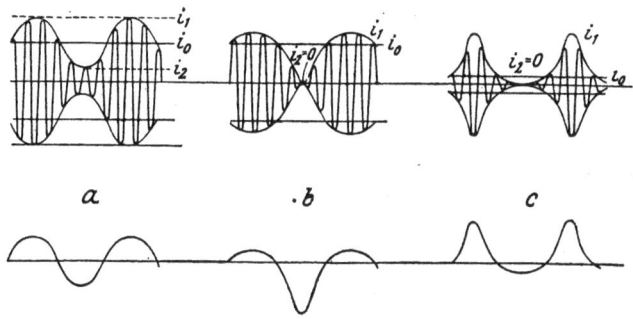

Abb. 105. Verschiedene Arten der Modulation.
a) symmetrisch. b) u. c) unsymmetrisch.

Modulation ist nicht etwa gleichzusetzen mit Überlagerung. Die einfache Überlagerung oder Schwebung haben wir auf S. 87 ausführlich besprochen. Bei der Modulation bleibt die Frequenz der Trägerwelle erhalten; aber es findet eine Amplitudenschwankung im Rhythmus der Modulationswelle statt. Man erreicht das durch eine Änderung des Widerstandes im Schwingungskreis der Trägerwelle. Im einfachsten Falle würde es also genügen, das Mikrophon in die Antenne zu legen. In Abb. 103 wird die Amplitudenänderung durch den Transformator e, d bewirkt. Vielfach wird die Telephoniedrossel von Pungs-Gerth benutzt, die einen direkt in die Antenne zu legenden variablen Widerstand darstellt.

b) Das Audion.

Wir wollen nun noch an der Hand der früheren Ausführungen die Bedeutung der Elektronenröhre für den Empfang elektromagnetischer Wellen untersuchen. Dabei handelt es sich sowohl um den Empfang gedämpfter wie auch ungedämpfter Wellen. Ja, in dem Umstand, das erst die Elektronenröhre den Empfang der ungedämpften Wellen in vollkommener Art ermöglicht hat, liegt die Überlegenheit des ungedämpften Systems begründet, so daß man heute mehr und mehr zu ungedämpften

Wellen, die durch Lichtbogengeneratoren, Hochfrequenzmaschinen und vor allen Dingen Elektronen-Senderöhren erzeugt werden, übergeht.

Durch die Betrachtung der Kennlinie, die den Anodenstrom als Funktion der Gitterspannung zeigt (Abb. 90), ergibt sich, daß es Gebiete gibt, in denen der Anodenstrom sich nicht gleich stark mit der Gitterspannung ändert. In dem unteren Teile der Kennlinie, der negativen Gitterspannungen entspricht, nimmt z. B. der Anodenstrom bei einer Abnahme der Gitterspannung um weniger ab, als er bei derselben Zunahme der Gitterspannung zunehmen würde. Der Hochvakuumröhre kommt also eine gewisse Gleichrichterwirkung zu. Sie unterscheidet sich hierin von den Kontaktdetektoren nur dadurch, daß sie zugleich den Impuls verstärkt, da ja die Wechselstromimpulse am Gitter verstärkt im Anodenkreis zum Vorschein kommen. Auch dem oberen Teil der Kennlinie in Abb. 90 kommt eine entsprechende Gleichrichterwirkung zu

Auch auf die Krümmung der Gitterstromkennlinie baut sich ein recht empfindlicher Gleichrichtereffekt auf. Wir gehen von der in Abb. 106 wiedergegebenen Empfängerschaltung aus. Der Antennenkreis besteht wie immer aus Antenne, Antennenvariometer V, Antennenkopplungsspule L, Antennenkondensator (nicht gezeichnet) und Erdungsanlage; er ist durch L_1 mit dem Gitterkreis der Elektronenröhre gekoppelt.

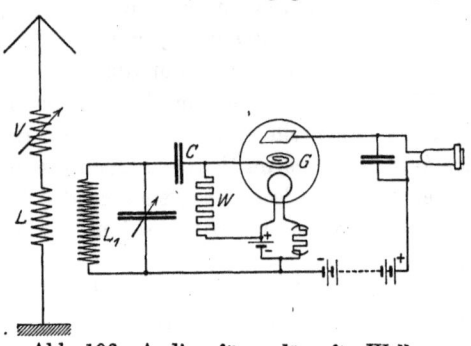

Abb. 106. Audion für gedämpfte Wellen.

L_1 ist durch den Blockkondensator C mit dem Gitter G der Röhre verbunden, während der andere Pol an den —-Pol des Heizfadens angeschlossen ist. Da der Kondensator C ein Zurückfließen der auf das Gitter auftreffenden Elektronen zur Kathode verhindert, bleibt es dauernd negativ geladen. Es würde schließlich den Anodenstrom, der aus der Anodenbatterie entnommen wird, ganz zum Verschwinden bringen, wenn nicht ein Teil der Elektronen durch den hohen Widerstand W (etwa $2 \cdot 10^6$ Ohm) zur Kathode abfließen könnte.

Werden nun im Gitterkreis Hochfrequenzschwingungen von der Antenne her induziert, so werden diese auf den Anodenstrom übertragen; dabei hat aber jede Verstärkung des Anodenstromes eine Erhöhung der negativen Gitterladung zur Folge und diese wieder eine Schwächung des Anodenstroms. Es tritt also folgendes ein: Nimmt während der ersten Halbperiode die negative Ladung des Gitters ab, so steigt der Anodenstrom über die Ruhelage an. Vergrößert sich darauf in der zweiten Hälfte der ersten Periode die negative Gitterladung, so sinkt der Anodenstrom unter die Ruhelage. Wie aber aus der Form der Anodenstrom-Gitter-Kennlinie hervorgeht, müssen während des Anstiegs des Anodenstroms mehr Elektronen das Gitter treffen als während der Schwächung. Das Gitter ist also nach der ersten Periode etwas stärker negativ geladen als vorher, weshalb auch der Mittelwert der Anodenstromstärke niedriger wird. Das wiederholt sich auch bei der folgenden Periode, nur nicht ganz in dem Maße, da ja mit steigender Gitterladung die durch den Widerstand W abfließende Elektrizitätsmenge wächst. Treffen somit von einem Löschfunkensender ausgehende Hochfrequenzschwingungen auf das Gitter, so ergeben sich die in Abb. 107 dargestellten Verhältnisse. 1 gibt die Hochfrequenzschwingungen der Antenne wieder. 2 zeigt, wie der Mittelwert der Gitterspannung abnimmt, was auch ein Sinken des Anodenstromes 3 zur Folge hat. Kurve 4 zeigt die Einwirkung auf das Telephon.

Beim Abklingen jeder im Sender ausgelösten Schwingung erfährt der Gitterstrom eine entsprechende Schwankung, jedoch so, daß die Mittelwerte unter der Ruhelage bleiben. Das gilt dann in erhöhtem Maße vom Anodenstrom. Ein in den Anodenkreis gelegtes Telephon wird nun bei jedem Wellenzuge erregt, die Membran führt so viel Schwingungen aus, als Wellenzüge vom Sender ausgehen. Erfolgen die Funkenübergänge im Rhythmus der Schwingungen eines musikalischen Tones, so hört man diesen Ton im Hörer.

Die hier beschriebene Anordnung, in der die Elektronenröhre als Detektor verwandt wird, kann nur zum Empfang gedämpfter Wellen und zum Telephonieempfang benützt werden. Eine als Detektor geschaltete Elektronenröhre wird wohl auch Audion genannt.

Die Schwierigkeit des Empfangs ungedämpfter Wellen liegt

in der hohen Frequenz begründet, und es mußten zur Lösung des Problems des ungedämpften Empfangs alle Bestrebungen darauf gerichtet sein, im Empfänger Frequenzen in der Höhe der musikalisch brauchbaren Töne zu erzielen. Nun setzen sich immer

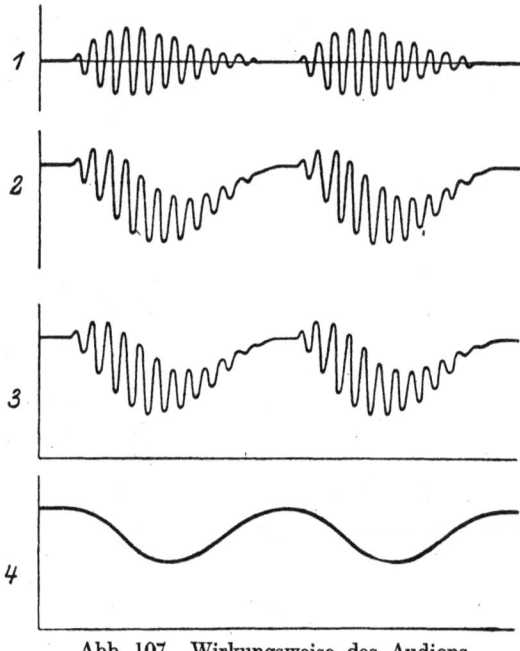

Abb. 107. Wirkungsweise des Audions.

zwei Wellen ungleicher Frequenz zusammen zu einer dritten Welle, die dadurch entsteht, daß sich die Impulse der beiden Wellenzüge gegenseitig beeinflussen, d. h. verstärken oder schwächen. Schlägt man zwei Stimmgabeln, von denen die eine auf 435, die andere auf 430 Schwingungen abgestimmt ist, nebeneinander an, so sind die Schwingungen während einer Sekunde 5 mal in Phase (nach 86, 172, 258, 344, 430 Schwingungen der zweiten Gabel). Es treten also 5 Verstärkungen ein. Zwischen je zwei Verstärkungen liegt ein Zeitpunkt, an dem sich die Schwingungen vollständig aufheben. Wir erhalten somit 5 Schwebungen; die Zahl der Schwebungen ist also gleich der Differenz der Schwingungszahlen (S. 88).

Verwendung der Elektronenröhre in der Funktechnik. 133

Hiernach könnte man, wie zuerst Tesla vorschlug, zur Erzielung einer niedrigeren Frequenz vom Sender zwei ungedämpfte Wellen verschiedener Wellenlänge aussenden, die dann im Empfänger Schwebungen ergeben würden von einer Frequenz, die gleich der Differenz der Schwingungszahlen der beiden Wellen wäre. Hätten also die beiden ungedämpften Wellen die Frequenzen 100000 und 101000, so würden 1000 Schwebungen entstehen, die als Ton aufgenommen werden könnten. Die hier vorliegenden Verhältnisse gibt Abb. 108 wieder (vgl. auch Abb. 65).

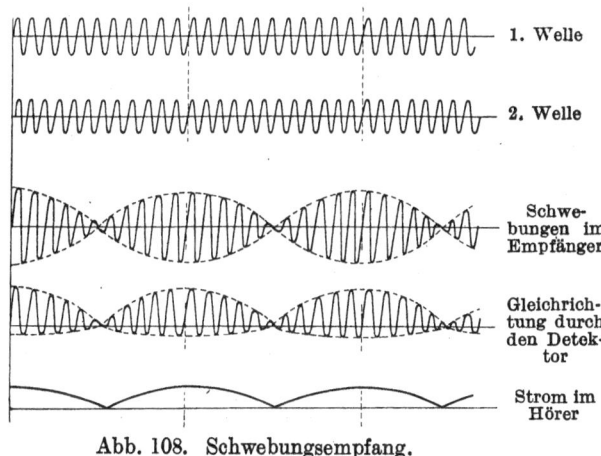

Abb. 108. Schwebungsempfang.

In diesem Falle würde die vorhin beschriebene Empfangseinrichtung brauchbar sein. Nun würde aber die Absendung zweier Wellen doppelt so viel Energie erfordern. Das Verfahren hat darum in der Praxis keine Verwendung gefunden. Trotzdem ist das Prinzip beibehalten worden; nur wird die zweite Welle in der Empfangseinrichtung erzeugt. Die Sendestation sendet also eine ungedämpfte Welle von einer bestimmten Frequenz; in der Empfangsstation wird nun auch eine ungedämpfte Welle erzeugt von einer Frequenz, die um die Schwingungszahl eines musikalisch brauchbaren Tones höher oder tiefer ist als die der ankommenden Welle. Beide Wellen wirken auf den Detektor ein, und in diesem entstehen dann Schwebungen von einer Frequenz gleich der Differenz der beiden Wellenfrequenzen. Man nennt einen solchen Empfang Überlagerungsempfang und die Vorrichtung zur Erzeugung der zweiten Welle, der Überlagerungswelle, den Überlagerer.

Die Überlagerungswelle läßt sich nun am besten mit Hilfe einer Elektronenröhre erzeugen. Wir haben S. 124 gesehen, daß man unter Anwendung des Rückkopplungsprinzips jede Röhre als Schwingungserzeuger verwenden kann. Wir können also auch die in Abb. 100 gezeichnete Schaltung für den Überlagerer gebrauchen, wobei der Kondensator zur Einstellung der Überlagerungsfrequenz dient (vgl. hierzu auch die Ausführungen zum Superheterodyneempfänger auf S. 150).

Es besteht nun die Möglichkeit, eine einzige Elektronenröhre gleichzeitig als Überlagerer und als Audion zu verwenden. Man spricht dann kurz von dem Audion mit Rückkopplung. Um diese Schaltung herzustellen, brauchen wir nur Abb. 100 mit Abb. 106 geschickt zu kombinieren. Das ist in Abb. 109 geschehen. Die Überlagerungsfrequenz kann hier durch den Drehkondensator a eingestellt werden. Die im Antennenkreise (bestehend aus Antenne b, Variometer c, Koppelungsspule d und Drehkondensator e) durch die elektromagnetischen Wellen erzeugten Schwingungen erzeugen mit den Schwingungen des Kreises f, g, a, der durch die Röhre durch die Rückkopplungsspule h erregt wird, in beiden Schwingungskreisen Schwebungen, auf die die Röhre als Detektor in bekannter Weise reagiert. Der Schwebungsempfang setzt Wellen voraus, deren Frequenz sich nicht ändert. In dem obigen Beispiel (Frequenz 100000) würde schon eine Verminderung der Frequenz der einen Welle um $1^0/_0$ den Schwebungston auf 2000 Schwingungen bringen, also um eine Oktave erhöhen. Diese Art des Empfangs konnte sich daher erst einbürgern, als man mit der Elektronenröhre Wellen von konstanter Frequenz erzeugen konnte.

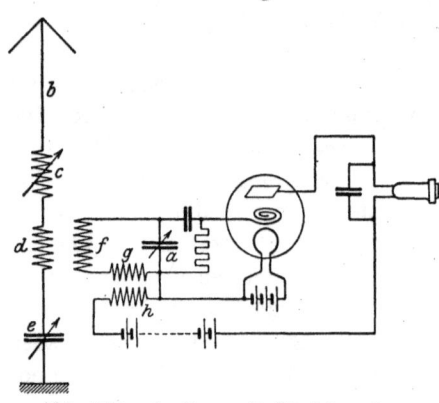

Abb. 109. Audion mit Rückkopplung.

Verwendung der Elektronenröhre in der Funktechnik. 135

In Abb. 109 ist eine Schaltung für Sekundärempfang dargestellt. Sie ergab sich in einfacher Weise aus der Verbindung zweier Schaltungen. Sekundärempfänger sind allerdings in dieser Form für den Laien schwer zu bedienen, da zwei Schwingungskreise aufeinander abgestimmt werden müssen. Kennt man allerdings die Länge der ankommenden Welle, so kann man den Antennenkreis zunächst auf die Wellenlänge einstellen (falls er geeicht ist, direkt, sonst mit einem Wellenmesser) und dann den Drehkondensator des Sekundärkreises so lange drehen, bis ein passender Ton entsteht. Stimmt die Schwingungszahl des Überlagerungskreises mit der des Antennenkreises überein, so hört man keinen Ton. Dreht man nun den Kondensator etwas nach rechts, stellt also eine etwas niedere Frequenz ein, so hört man einen Ton, der um so höher ist, je weiter man den Kondensator aus der Resonanzlage dreht. Erzeugt man durch Drehen des Kondensatorknopfes nach links eine höhere Frequenz, so entsteht ebenfalls ein Ton. Die Resonanzlage der beiden Kreise ist also an dem Tonminimum sehr schön zu erkennen.

Einfacher zu handhaben ist das Schwingaudion in der Primärschaltung. Sie zeigt Abb. 110. Hier kann durch Drehen des Kondensators b die Überlagerungsfrequenz eingestellt werden, wobei der Antennenkreis $a\,b\,c\,d$ gleichzeitig mit abgestimmt wird. e ist die Überlagerungsspule, die im Anodenkreis liegt. Es ist bei dieser Schaltung allerdings schwer, Stationen, die ungefähr die gleiche Wellenlänge geben, auseinander zu halten. Zum störungsfreien Empfang eignen sich darum nur Sekundär- oder Tertiärempfänger.

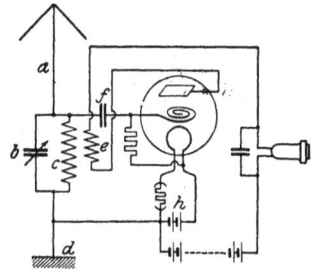

Abb. 110. Schwingaudion in der Primärschaltung.

Zu den Schaltungen in Abb. 106, 109 und 110 ist noch zu bemerken, daß sie je nach den vorliegenden Verhältnissen weitgehend abgeändert werden können. So könnte auch der Anodenkreis abstimmbar gewählt werden. Ferner kann man das Telephon auf die andere Seite der Anodenbatterie legen. Die Wahl der Selbstinduktionsspulen ist durch die Wellenlänge bedingt. Bei einer Wellenlänge von 3000 m muß das Produkt aus Selbstin-

duktion L in cm und Kapazität C in cm gleich $\dfrac{90\,000\,000\,000}{4 \cdot \pi^2}$
$= 2\,250\,000\,000$ sein (vgl. Formel (45) S. 83). Dabei ist L die Gesamtselbstinduktion aller hintereinander geschalteten Spulen des Schwingungskreises. Für eine Kapazität von 400 cm müßte also L im ganzen gleich $5{,}6 \cdot 10^6$ sein. Um möglichst viele Wellenlängen aufnehmen zu können, wählt man am besten auswechselbare Spulen.

Die Empfängerschaltungen Abb. 109 und 110 sind noch insofern bemerkenswert, als man damit nicht nur ungedämpfte, sondern auch gedämpfte Wellen aufnehmen kann. Tönenden Empfang erreicht man hier nur bei ganz loser Rückkoppelung, weil dann die Überlagerung aussetzt und die Röhre einfach als Detektor wirkt.

c) Niederfrequenzverstärker.

Eine dritte Anwendungsmöglichkeit der Elektronenröhren ergibt sich aus der Steilheit S (S. 117). Die Betrachtung der Anodenstrom-Gitter-Kennlinie zeigt, daß schwache Impulse im Gitterkreis den Anodenstrom kräftig beeinflussen. Abb. 111 erläutert diesen Vorgang. Wird das Gitter durch eine Wechselspannung beeinflußt, so überlagert sich dem Anodenstrom ein Wechselstrom von um so größerer Amplitude, je steiler die Kennlinie verläuft, je größer also ihre Steilheit ist. Hierauf beruht die Anwendung der Elektronenröhre bei Hoch- und Niederfrequenzverstärkung. Unter Hochfrequenzverstärkung versteht man

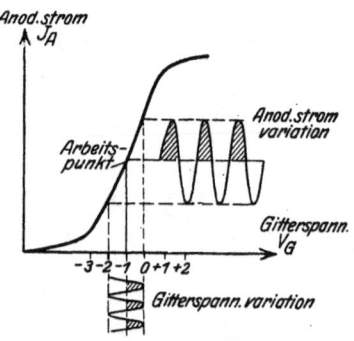

Abb. 111. Verstärkerwirkung der Röhre.

die Verstärkung der noch nicht im Detektor gleichgerichteten hochfrequenten Wechselströme, während es sich bei der Niederfrequenzverstärkung um die Verstärkung der Tonfrequenzen des Detektorkreises handelt.

Für die Verstärkung kommen besonders Röhren mit großer Steilheit und kleinem Durchgriff in Frage (S. 122). Da ferner bei Gitterspannungen von -1 Volt der Gitterstrom Null ist, muß die Anodenspannung so gewählt werden, daß der geradlinige Teil der

Verwendung der Elektronenröhre in der Funktechnik. 137

Kennlinie schon bei —1 Volt Gitterspannung erreicht wird. Man wird daher gewöhnlich eine etwas höhere Anodenspannung wählen müssen als beim Audion. Wichtig ist die negative Gittervorspannung, die etwa 1 bis 1,5 Volt (bei einigen Röhren auch mehr) beträgt.

Die Wechselströme des Detektorkreises müssen nun in Wechselspannungen umgesetzt werden, die dem Gitter der Verstärkerröhre zuzuführen sind. Das geschieht durch kleine Transformatoren, die dann gleichzeitig noch die Spannung hinauftransformieren (S. 58, Abb. 39 u. 40). Die Wickelung derartiger Umwandler ist nicht einfach. Zunächst muß primär ein großer Wechselstromwiderstand vorhanden sein, damit der Widerstand im Anodenkreis der als Detektor geschalteten Röhre wenigstens annähernd gleich R_i wird (S. 121). Aus dem gleichen Grunde muß das Umsetzungsverhältnis groß genug sein. Man nimmt primär gewöhnlich bei der ersten Röhre 3000 bis 5000 Windungen aus umsponnenem oder lackiertem Kupferdraht von 0,07 mm Durchmesser, sekundär 20 bis 60000 Windungen von 0,05 mm-Draht. Dann sollten derartige Umformer kapazitätsfrei gewickelt werden, was bei dem dünnen Draht durchaus nicht einfach ist.

Die Schaltung eines einfachen Niederfrequenzverstärkers zeigt Abb. 112. Die Enden der Primärwicklung des Niederfrequenztransformators (Windungsverhältnis etwa 4000/24000) wären an Stelle des Telephons in Abb. 109 und 110 anzuschließen. Das eine Ende der Sekundärwicklung wird direkt mit dem Gitter der

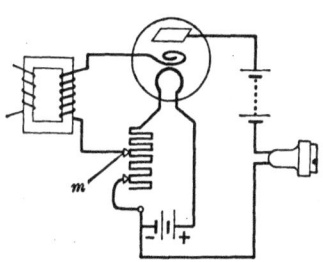

Abb. 112. Schema eines Einfach-Niederfrequenzverstärkers.

Röhre des Verstärkers verbunden, während das andere so an den —-Pol der Heizbatterie zu legen ist, daß das Gitter eine negative Vorspannung von 1 bis 2 Volt gegen den —-Pol des Heizfadens erhält. Dazu gibt es nun verschiedene Wege. Vielfach wird in die Verbindung des —-Pols der Heizbatterie mit dem Heizfaden ein Drehwiderstand (Abb. 25) gelegt und dann die Zuleitung zur Sekundärwicklung des Transformators direkt an die Heizbatterie gelegt. In diesem Falle ist der Heizwiderstand so zu bemessen, daß das Produkt Heizstrom in Amp. × Widerstand in Ohm gleich der zu erzielenden Vorspannung wird. Bei einem

Heizstrom von 0,15 Amp. müßte der Widerstand somit etwa 10 Ohm betragen. Nachteilig an dieser Schaltung ist es, daß ein passender Widerstand nicht immer zu beschaffen sein wird, und daß bei einer Änderung der Heizung oder bei Abnahme der Heizspannung auch die Gittervorspannung sich ändert. Daher ist der Widerstand in Abb. 112 zweifach regulierbar; das Stück, das zwischen m und dem $--$-Pol des Heizfadens liegt, ist so zu bemessen, daß das Produkt Heizstrom in Amp. $\times$ Widerstand in Ohm etwa gleich 1,5 ist. Es ist daher auch zu empfehlen, den Regulierwiderstand für den Heizstrom in die Zuleitung zum $+$-Pol der Heizbatterie zu legen und die Vorspannung aus einem besonderen Element oder einer Batterie zu entnehmen. Es genügt ein Trockenelement von 1,5 Volt, dessen $--$-Pol an das noch freie Ende der Sekundärwicklung und dessen $+$-Pol an den $--$-Pol der Heizbatterie zu legen ist. Sehr beliebt ist

Abb. 113. Zweifach-Niederfrequenzverstärker von Telefunken.

eine veränderliche Gittervorspannung, die mit Hilfe der Potentiometerschaltung herzustellen ist (Abb. 31). Dabei ist der $+$-Pol der besonderen Vorspannungsbatterie (2 bis 4 Volt) mit dem $--$-Pol der Heizbatterie und dem einen Ende B des Potentiometerwiderstandes zu verbinden, während der $--$-Pol an dessen anderes Ende A zu legen ist. Die Gittervorspannung wird dann durch den Schleifkontakt C, der mit der Sekundärwicklung des Transformators verbunden wird, abgenommen. Der Potentiometerwiderstand muß aus Sparsamkeitsgründen 500 bis 1000 Ohm betragen (vgl. auch das Potentiometer P in Abb. 122).

Das Telephon liegt wie immer im Anodenkreis. Statt des Telephons kann man hinter diesen Verstärker in derselben Weise einen zweiten schalten usw. Auf diese Weise entstehen Zweifach-, Dreifach-Niederfrequenzverstärker usw. (Abb. 113). Wegen der Mitverstärkung der Geräusche geht man selten über 3 Röhren hinaus (F. u. T. S. 59).

d) Hochfrequenzverstärker.

Der Niederfrequenzverstärker ist nur verwendbar, wenn die durch den Detektor oder das Audion gleichgerichteten Wechselströme der Antenne groß genug sind, daß bei der noch möglichen Zahl der Röhren eine annehmbare Lautstärke entsteht. Ist das nicht der Fall, so wird man nicht durch Anbau weiterer Niederfrequenzverstärker den Empfang zu verbessern suchen, da ja durch die Niederfrequenzverstärkung infolge der nie ganz zu vermeidenden Verzerrungen und Röhrengeräusche allerlei Unschönheiten in die Wiedergabe hineingetragen werden. Man geht dann zum **Hochfrequenzverstärker** über, der also besonders bei fernen und schwachen Stationen, aber auch in allen anderen Fällen angewandt wird.

Während es sich beim Niederfrequenzverstärker um die Verstärkung der Tonfrequenz handelt, verstärkt der Hochfrequenzverstärker die hochfrequenten Wechselströme in der Antenne unmittelbar. Im übrigen ist die Arbeitsweise der Röhre die gleiche, so daß auch hier wieder Röhren mit großer Steilheit und nicht zu großem Durchgriff, also Röhren von hoher „Güte" 58) den Vorzug haben. Ferner ist die Anodenspannung so zu wählen, daß bei etwa $-1,5$ Volt Gittervorspannung auf dem am steilsten verlaufenden Teil der Kennlinie gearbeitet wird (hohe Anodenspannung). Die negative Vorspannung erzeugt man wieder am besten durch eine besondere Batterie mit Hilfe der Potentiometerschaltung, wie beim Niederfrequenzverstärker ausgeführt wurde.

Abb. 114 zeigt das Schema eines Hochfrequenzverstärkers mit 3 Röhren. Das Gitter der ersten Röhre wird durch den Antennenkreis erregt. Die von der Anodenbatterie gelieferte Spannung wird den ersten beiden Röhren über hohe Widerstände o (300000 Ohm etwa) zugeführt. Die Anoden der ersten und zweiten Röhre sind durch kleine Blockkondensatoren m, n (etwa 200 cm) mit den Gittern der folgenden verbunden. Die letzte Röhre ist in bekannter Weise als Detektor geschaltet. Die Zahl der Röhren läßt sich vermehren.

Die Wirkungsweise dieser Schaltung ist durch die früher abgeleiteten allgemeinen Sätze zu erklären. Nach (53) (S. 120) erzeugt eine Gitterwechselspannung e_g im Anodenkreis einen Wechselstrom der Stärke $i_a = \dfrac{e_g}{D(R_i + R_a)}$. Auf den Gitterkondensator der zweiten Röhre wirkt nach 26) im Ruhezustand (wenn keine Hochfrequenzschwingungen die erste Röhre erregen) die Spannung $E_g = E_a - J_a R_a$, wo J_a der Anodenstrom, weil jetzt $i_a = 0$. Sobald nun das Gitter der ersten Röhre von Wechselspannungen erregt wird, entsteht im Anodenkreis der Wechselstrom $i_a = \dfrac{e_g}{D(R_i + R_a)}$, der sich dem Anodenstrom J_a überlagert. Somit ist jetzt die Spannung für den Gitterkondensator der zweiten Röhre $e' = E_a - (J_a + i_a) \cdot R_a = E_g - i_a \cdot R_a$, das ist eine Spannung, die sich zusammensetzt aus einer Gleichspannung und einer der Gitterspannung der ersten Röhre proportionalen

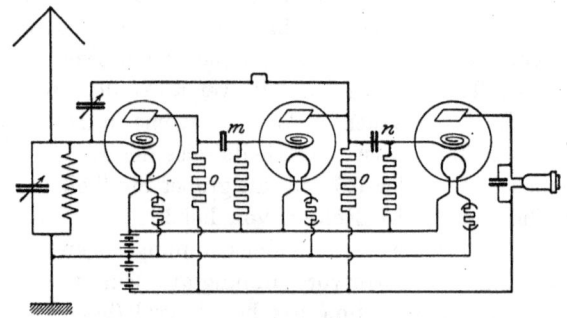

Abb. 114. Dreifach-Hochfrequenzverstärker in der Primärschaltung mit kapazitiver Rückkopplung.

Wechselspannung $-i_a \cdot R_a = -\dfrac{e_g \cdot R_a}{D(R_i + R_a)}$, die durch den Blockkondensator hindurchgelassen wird.

Die zwischen Gitter und Kathode liegenden hohen Widerstände (Silitstäbe, mehrere Millionen Ohm) dienen dazu, die auf dem Gitter sich ansammelnden negativen Ladungen in den Pausen zwischen den einzelnen Wellenzügen abzuführen.

Vorstehend beschriebene Anordnung eignet sich nur zum Empfang gedämpfter Wellen, bei ungedämpften Wellen muß noch eine besondere Rückkopplungsvorrichtung angebracht werden. Ein Drehkondensator, der etwa zwischen Anode der zweiten und Gitter der ersten Röhre zu legen wäre, dient zur Einstellung der Überlagerungsfrequenz. Ein Kurzschlußstecker, der in die Verbindung von der Anode der zweiten Röhre zum Rückkopplungskondensator gesetzt wird, ermöglicht die Zuschaltung. Auch induktive Rückkopplung auf die Antennenspule durch eine besondere Spule wie in Abb. 110 ist anwendbar. Für die Übertragung der Hochfrequenzschwingung von dem Anodenkreis einer Röhre auf das Gitter der folgenden gibt es verschiedene Möglichkeiten, die alle ihre Vorteile und Nachteile haben. Die soeben angeführte Methode der Widerstandskopplung gelingt wegen der Hautwirkung der Hochfrequenz bei den ganz hohen Frequenzen, also bei den kleinen Wellenlängen ($\lambda < 2000$ m) nicht mehr.

Man kann die Kopplung der Röhren untereinander ähnlich wie beim Niederfrequenzverstärker durch besondere Transformatoren bewirken. Solche Hochfrequenztransformatoren dürfen keine Eisenkerne enthalten. Die Windungszahl, die im allgemeinen wesentlich niedriger ist als beim Niederfrequenztransformator, richtet sich nach der Frequenz, wie überhaupt ein Hochfrequenztransformator immer nur bei einem bestimmten Wellenbereich am günstigsten arbeitet.

Auch Drosselspulen werden mit Vorteil verwandt. Sie sind genau so wie die Silitstäbe o in Abb. 114 einzuschalten. Auch hier gilt wie bei den Transformatoren, daß sie nur immer für einen bestimmten Wellenbereich geeignet sind, so daß man einen ganzen Satz solcher Drosselspulen vorrätig haben muß (200 bis 2000 Windungen).

Für alle Wellenlängen gleich gut ist der Sperrkreis zu verwenden. Statt des Silitstabes wird eine Selbstinduktionsspule mit parallel geschaltetem Drehkondensator in den Anodenstromkreis jeder Röhre gelegt. Die Apparatur spricht aber nur an, wenn der Sperrkreis in Resonanz mit der Welle ist; denn dann hat er den höchsten Widerstand und eignet sich zur Kopplung am besten.

Nach Formel 44) ist der Widerstand eines solchen Kreises $\frac{L}{C \cdot W}$, wo L der Selbstinduktionskoeffizient, C die Kapazität des Kondensators und W der Ohmsche Widerstand des Kreises ist. Da hier W und C im allgemeinen sehr klein sind, kommt man zu hohen Widerständen, für die die oben (S. 140) angestellten Überlegungen gelten. Die Sperrkreisschaltung erfordert einige Übung in der Abstimmung, ist aber dafür sehr selektiv. Man verwendet vielfach den Sperrkreis nur hinter der ersten Röhre (vgl. F. u. T. S. 60 u. 61).

Aus dem einfachen Hochfrequenzverstärker, wie er oben beschrieben wurde, hat sich der Neutrodyne-Empfänger entwickelt. Die Zahl der Hochfrequenzverstärkerstufen einer Empfangsanordnung ist beschränkt, da die Kapazität der Röhre zwischen Gitter und Anode eine Rückkopplung darstellt, ganz so, als ob wie in Abb. 114 zwischen Gitter und Anode ein kleiner Kondensator geschaltet wäre, und bei größerer Anzahl der Röhren diese Rückkopplung so stark wird, daß die Apparatur zu pfeifen anfängt.

Das Wesen der Neutrodyneschaltung besteht nun darin, kleine Zusatzkondensatoren anzubringen, durch die die Wirkung der Gitter-Anoden-Kapazität aufgehoben wird. Zur Erklärung gehen wir von der Abb. 115 aus. Denken wir uns die mit C und

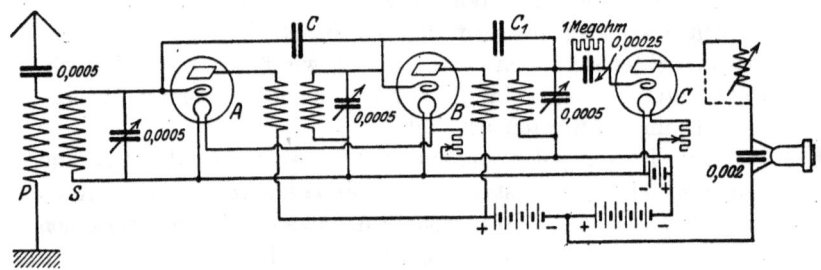

Abb. 115. Neutrodyne-Empfänger.

C_1 bezeichneten Kondensatoren zunächst fort, so haben wir einen gewöhnlichen Hochfrequenzempfänger vor uns, bei dem die einzelnen Röhren durch eisenlose Hochfrequenztransformatoren gekoppelt werden. Die Sekundärseite der Transformatoren kann durch Drehkondensatoren auf die Wellenlänge abgestimmt werden. Die letzte Röhre ist in bekannter Weise als Audion geschaltet.

Um nun die Gitter-Anoden-Kapazität aufzuheben, braucht man nur die Sekundärwickelung des Hochfrequenztransformators durch einen richtig gewählten Kondensator mit dem Gitter der vorhergehenden Röhre zu koppeln, wie das in Abb. 115 durch die Kondensatoren C und C_1 geschehen ist. Wir wollen uns die Wirkung dieser Kondensatoren an dem ersten erläutern. Das Gitter der ersten Röhre ist gleichsam durch zwei Kondensatoren mit dem ersten Hochfrequenztransformator verbunden, durch die innere Röhrenkapazität mit der Primärwickelung und durch den Kondensator C mit der Sekundärwickelung. Da nun aber die Enden

Verwendung der Elektronenröhre in der Funktechnik. 143

der Primär- und Sekundärwickelung entgegengesetztes Potential haben, wirkt die Koppelung durch den Kondensator C in umgekehrtem Sinne auf den Gitterkreis der ersten Röhre ein wie die Koppelung durch die Gitter-Anoden-Kapazität, und hebt diese bei richtiger Dimensionierung von C vollständig auf.

An neuen Schaltungselementen treten hier die Kondensatoren C, die von der Größenordnung der Gitter-Anoden-Kapazität, also einiger Zentimeter sind, und die Hochfrequenztransformatoren auf. Abb. 116 zeigt einen solchen Kondensator, Neutrodon genannt. Sein Aufbau geht aus Abb. 117 hervor.

Abb. 116. Neutrodon.

Zu einem Neutrodon gehören ein Brettchen aus Hartgummi, ein Glasröhrchen von etwa 3 mm Weite und 10 cm Länge und ein darübergeschobenes Messingrohr von 8 cm Länge. In das Glasrohr

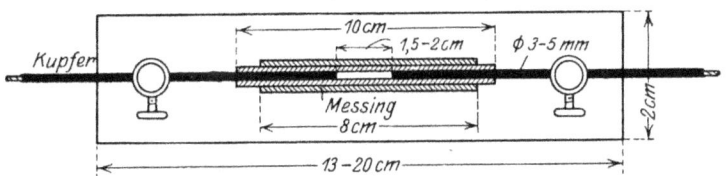

Abb. 117. Innere Ausführung des Neutrodons.

werden zwei gut passende Kupferstäbe hineingeschoben, die durch zwei Klemmen an dem Hartgummibrettchen befestigt sind. Die Einstellung der Kapazität erfolgt durch Verschiebung des Messingröhrchens.

Abb. 118 zeigt den Neutroformer, der aus der Primär- und Sekundärwickelung des Transformators und dem Drehkondensator besteht. Das Umsetzungsverhältnis ist 1:4 bis 1:8. Die Zahl der Windungen an der Sekundärseite sowie die Kapazität des Drehkondensators bestimmen die Wellenlänge. Mit einem Kondensator von 500 cm und 60 Windungen (primär etwa 15) würde ein Wellenbereich von 300—500 m zu bestreichen sein. Die Sekundärwickelung ist in Abb. 118 auf der äußeren Spule angebracht. Die Primärwickelung befindet sich auf einer Spule, die knapp in die Sekundärspule hineinpaßt, wodurch eine enge Kopplung gewährleistet ist. Wesentlich für die Anordnung ist, daß keine induktive Beeinflussung der Transformatoren untereinander stattfindet. Man ordnet die Neutroformer darum schief in dem Kasten so an, daß die Achsen der Spulen mit der Bodenfläche einen Winkel von 60° bilden und der Abstand der Spulen etwa 15 cm beträgt, wie es in Abb. 119 erläutert ist.

Gewöhnlich werden 3 Hochfrequenzverstärkerstufen, ein Audion und 1—2 Niederfrequenzverstärkerstufen verwandt. Das Variometer im Anodenkreis der Audionröhre dient zur Einstellung der Überlagerungsfrequenz.

Abb. 118. Neutroformer.

Die Hochfrequenzverstärkung gestattet, auch zu weniger leistungsfähigen Antennen überzugehen. Man verwendet den Hochfrequenzverstärker vielfach in Verbindung mit einer Rahmenantenne. Ein 30 bis 200 m[1]) langer Draht wird auf einen quadratischen Rahmen von rund 1 m² Fläche aufgewickelt (Abb. 120). Die Diagonalen des Quadrats werden durch kräftige Holzstäbe gebildet, an deren Enden quer zur Rahmenebene etwa 20 cm lange Kautschukleisten (im Notfalle genügt Holz) zur Aufnahme der Wicklung angebracht sind. Um ein Verschieben der Wicklung auszuschließen,

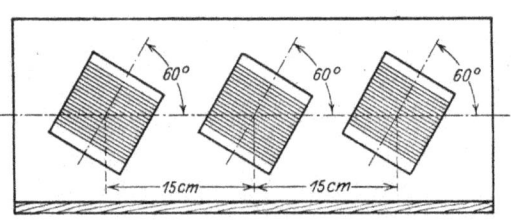

Abb. 119. Art des Einbaus der Neutroformerspulen in die Apparatanordnung.

---

[1]) je nach der aufzunehmenden Wellenlänge.

Verwendung der Elektronenröhre in der Funktechnik. 145

werden kleine Rillen eingesägt, daß der Wicklungsabstand 0,5 cm beträgt. Die Wicklungen näher aneinander zu legen, empfiehlt sich nicht, da damit ein Anwachsen der Eigenkapazität des Rahmens verbunden ist, wodurch der Empfang kurzer Wellen ausgeschlossen wird. Bei kurzen Wellen, bei denen der Skineffekt besonders stark ist, sollte man die Windungen noch weiter auseinander legen. Meistens wird der Rahmen mehrfach unterteilt, um durch Ein- und Ausschalten von Windungen zu anderen Wellenbereichen übergehen zu können. Als Sendeantenne ist der Rahmen wegen seiner geringen Strahlungsfähigkeit nicht geeignet. Beim Empfang durch den Hochfrequenzverstärker ist dieser Umstand wegen des möglichen hohen Verstärkungsgrades belanglos. Als Vorteil steht dem aber gegenüber, daß der Rahmenempfang fast frei von atmosphärischen Störungen ist.

Der Rahmen hat noch einen anderen Vorzug. Auf die Spitze gestellt, hat er eine verschwindend kleine Kapazität gegen Erde. Da in dieser Stellung die elektrischen Kraft-

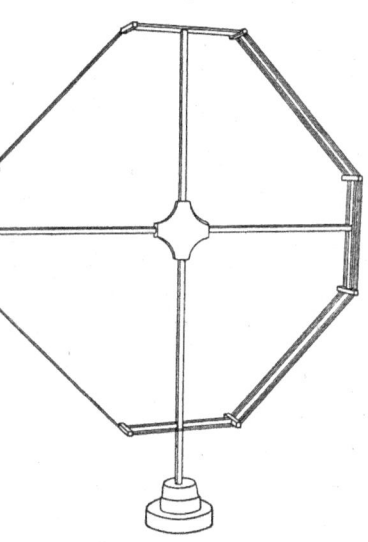

Abb. 120. Rahmenantenne.

linien der Welle jede Windung zweimal schneiden in einem Sinne, daß die Wirkungen sich aufheben, kommen für das Zustandekommen der Schwingungen nur die magnetischen Kraftlinien in Frage. Von diesen gehen aber die meisten durch die Rahmenebene hindurch, wenn seine Ebene nach der Sendestation zeigt. Steht der Rahmen aber quer zur Richtung nach der Sendestation, so schneidet jede Kraftlinie jede Windung zweimal, so daß die Induktionswirkungen sich aufheben. Die Lautstärke erreicht somit ein Maximum, wenn die Rahmenebene nach der Sendestation zeigt, ein Minimum, wenn sie senkrecht zu der Richtung, aus der die Wellen kommen, steht (Verwendung als Peilgerät).

Man verwendet den Rahmen fast ausschließlich in Verbindung mit dem Hochfrequenzverstärker. Die Schaltung zeigt Abb. 121. Die in den Antennenkreis gelegte Selbstinduktion ist mit dem Gitterkreis des Hochfrequenzverstärkers gekoppelt. An den Hochfrequenzverstärker kann noch ein Niederfrequenzverstärker angeschlossen werden. Bei ungedämpften Wellen ist noch ein Überlagerer zu verwenden, bzw. die Schaltung in Abb. 114.

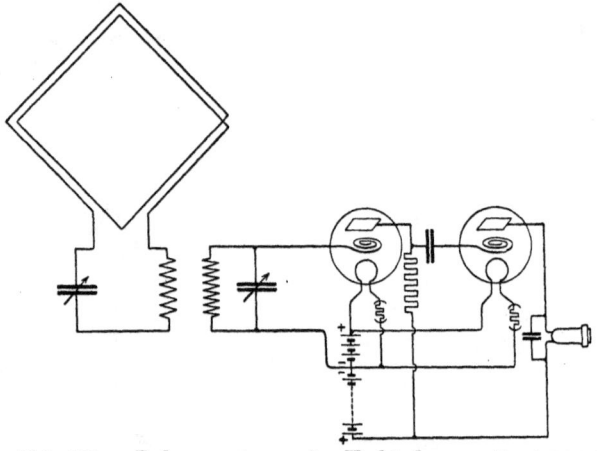

Abb. 121. Rahmenantenne in Verbindung mit einem Zweifach-Hochfrequenzverstärker.

Aus den bisher besprochenen Elementen lassen sich schon recht hochwertige Empfänger konstruieren; ein solcher sei in Abb. 122 erläutert.

Erläuterung: Der Antennenkreis, bestehend aus der Selbstinduktionsspule L_1 und dem Drehkondensator C_1, ist mit dem Gitter der ersten Röhre verbunden. Durch den Sperrkreis L_2, C_2 wird die Schwingung auf das Gitter der zweiten Röhre übertragen. Der Anodenkreis der zweiten Röhre ist sowohl mit dem Sperrkreis als auch mit dem Antennenkreis gekoppelt (doppelte Rückkopplung). Auch der Rückkopplungskreis ist abstimmbar, so daß der Empfänger drei abstimmfähige Kreise besitzt und infolgedessen sehr selektiv ist. Die letzte Röhre ist als Niederfrequenzverstärker geschaltet. Die Gittervorspannung für die beiden Verstärkerröhren wird durch das Potentiometer aus einer besonderen Vorspannungsbatterie entnommen, ferner erhält die letzte Röhre erhöhte Anodenspannung.

Drehkondensatoren C_1, C_2, C_3	500 cm
Blockkondensator C_4	200 cm
Blockkondensator C_5	2000 cm.

Verwendung der Elektronenröhre in der Funktechnik. 147

Bei Schaltung „kurz" sind
L_1 und L_2 ungefähr von gleicher Windungszahl, jedoch hat L_1 im allgemeinen höhere Windungszahl als L_2, umgekehrt bei Schaltung „lang".
L_3 und L_4 haben je etwa doppelt so viel Windungen wie L_1 und L_2.
Heizwiderstände $W_1 = 10$ bis 50 Ohm, je nach Heizstrom und Spannung der Heizbatterie.
Gitterableitungswiderstand $W_2 = 2.10^6$ Ohm,
Transformator T etwa $4000/24000$,
Potentiometer $P = 300$ bis 1000 Ohm.

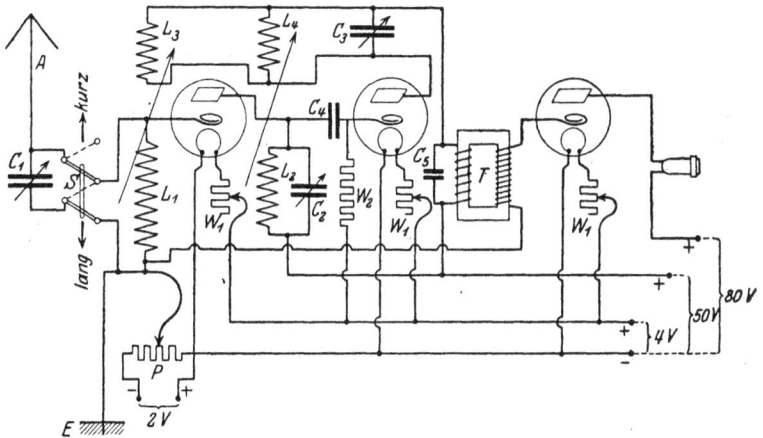

Abb. 122. Audionempfänger mit Hoch- und Niederfrequenzverstärkung.

e) Besondere Schaltungen.

Obgleich das vorliegende Buch nicht die Aufgabe hat, eine Zusammenstellung der wichtigsten Schaltungsschemata zu geben, soll doch auf diejenigen Schaltungen, bei denen ein besonderes Prinzip angewandt wird, kurz hingewiesen werden. Dabei muß allerdings auf technische Einzelheiten verzichtet werden. Darüber findet der Leser das Nötige in den führenden Zeitschriften, auf die ich besonders hinweisen möchte, und in speziellen Werken über Röhrenschaltungen.

Zunächst sei auf die Reflexschaltung hingewiesen. Bei dieser handelt es sich darum, dieselbe Röhre in zweifacher Weise, zur Hochfrequenz- und Niederfrequenzverstärkung, auszunutzen. Abb. 123 stellt eine Zweiröhrenreflexschaltung dar, an der wir uns das Wesen dieser Schaltung erläutern wollen. Die hochfrequenten Wechselströme, die im Antennenkreis induziert werden, wirken auf das Gitter der ersten als Hochfrequenzverstärker arbeitenden Röhre ein und werden dann wie in Abb. 123 auf die zweite

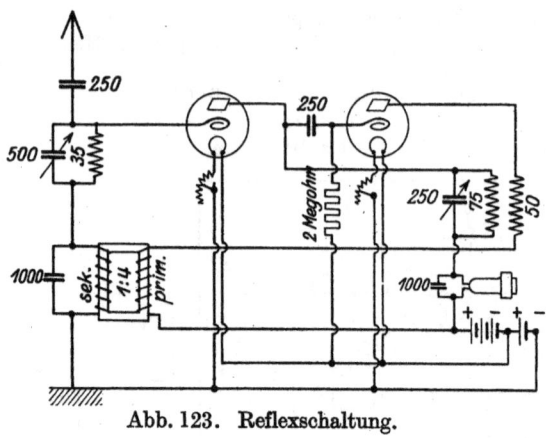

Abb. 123. Reflexschaltung.

Röhre übertragen, die als Audion wirkt. Die im Anodenkreis dieser Röhre liegende Spule von 50 Windungen dient zur Rückkopplung auf den Sperrkreis im Anodenkreis der ersten Röhre. Die im Anodenkreis der zweiten Röhre erzeugte Tonfrequenz wird nun nicht ins Telephon geleitet wie bei den bisher betrachteten Anordnungen, sondern nimmt ihren Weg durch die Primärwicklung des Niederfrequenztransformators, dessen Sekundärwicklung in der Antenne liegt. So dient die erste Röhre noch der Niederfrequenzverstärkung, und erst nachdem die Tonfrequenz im ersten Rohr verstärkt worden ist, wird sie im Telephon empfangen.

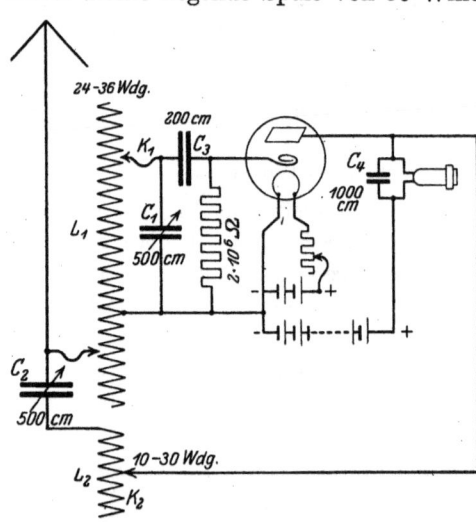

Abb. 124. Reinartz-Schaltung.

Verwendung der Elektronenröhre in der Funktechnik. 149

Das Bemerkenswerte an dieser Schaltung ist also, daß in der Antenne und im Anodenkreis der ersten Röhre sowohl Hochfrequenz- als auch Niederfrequenzströme fließen. Die 1000 cm-Kondensatoren parallel zum Telephon und zur Sekundärwicklung des Transformators, die den hochfrequenten Wechselströmen den Durchgang ermöglichen, sind daher bei dieser Schaltung sehr wesentlich.

Sehr gute Resultate erzielt man auch mit der Reinartz-Schaltung, die in Abb. 124 im Schema wiedergegeben ist. Sie eignet sich besonders gut zur Trennung von Stationen, die in der Welle sehr nahe beieinander liegen. Im übrigen ist der Reinartz-Empfänger ein einfacher Audion-Rückkopplungsempfänger mit Sekundärabstimmung. Der Antennenkreis ist aperiodisch und galvanisch-induktiv mit dem abstimmbaren Gitterkreis L_1, C_1 gekoppelt. Die Rückkopplung, welche durch die variable Selbstinduktion L_2 und den Drehkondensator C_2 erfolgt, ist gleichzeitig kapazitiv und induktiv.

Da die Hochfrequenztransformatoren im allgemeinen eine ganz bestimmte Resonanzlage haben, leiden die mehrstufigen Hochfrequenzverstärker meistens an dem Übelstande, daß sie für einen kleinen Wellenbereich zwar einen recht günstigen Wirkungsgrad haben, für die über und unter diesem Bereich liegenden Wellen dagegen nicht gut arbeiten. Diesem Nachteil begegnete Armstrong dadurch, daß er der Antennenschwingung eine durch einen Überlagerer (s. S. 134) lokal erzeugte Schwingung überlagerte und nun die Schwebungswelle auf den Hochfrequenzverstärker einwirken ließ. Die Frequenz der Schwebungswelle läßt sich nun immer durch die Überlagerungswelle einstellen. Hat z. B. die ankommende Welle die Frequenz 1 000 000 und soll die Schwebungswelle die Frequenz 100 000 haben, so muß nach S. 133 die Überlagerungswelle die Frequenz 900 000, bzw. 1 100 000 erzeugen. Während also bei dem gewöhnlichen Überlagerer die Frequenz so niedrig ist, daß ein hörbarer Ton entsteht, liegt hier die Schwebungsfrequenz über der Hörgrenze. Der angeschlossene Hochfrequenzverstärker ist nun auf eine ganz bestimmte Wellenlänge (etwa 3000 m) abgestimmt und empfängt nur die Schwebungswelle, deren Frequenz durch den Überlagerer einreguliert wird. Ein Schaltbild für diese Empfangsart gibt Abb. 125. Die in der Antenne vorhandenen Schwingungen wirken auf den abstimmbaren Kreis L_2, C_2 ein.

150 Verwendung der Elektronenröhre in der Funktechnik.

Die Röhre II gehört zu dem abgetrennten Überlagerer, der durch den Kondensator C_3 abgestimmt werden kann. In der Röhre I, die als Detektor wirkt, entstehen dann gleichgerichtete Schwingungen von einer solchen Frequenz, daß sie durch den Hörer noch nicht als Ton wiedergegeben werden können. Diese Schwingungen, die etwa die Frequenz 100000 haben mögen, werden nun in der aus Hochfrequenzverstärker, Detektor und Niederfrequenzverstärker bestehenden Empfangsanordnung aufgenommen. Empfänger, die nach den angegebenen Gesichtspunkten gebaut sind, heißen Superheterodyneempfänger.

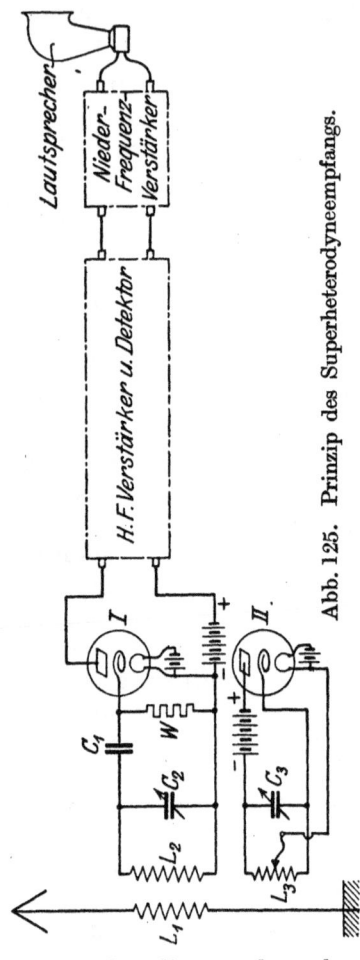

Abb. 125. Prinzip des Superheterodyneempfangs.

Ein Superheterodyneempfänger mit 5 Röhren ist in Abb. 126 dargestellt. Der Antennenkreis C_1, L_1 wird auf die Frequenz der ankommenden Welle abgestimmt. Gleichzeitig wirkt die als Sender bezeichnete Röhre schwingungserregend. Die Frequenz dieser Schwingung ist durch die Dimensionen des Kreises C_3, L_3 bedingt. Die Schwingungskreise L_1, C_1 und L_3, C_3 sind nun mit dem Schwingungskreise C_2, L_2, der am Gitter der ersten Hochfrequenzröhre liegt, gekoppelt und erregen ihn zu einer Frequenz, die gleich der Differenz der Frequenzen der beiden erregenden Kreise ist. Für die weiteren Röhren gilt das beim Audion und beim Hoch- und Niederfrequenzverstärker Gesagte. Die Spulen L_1, L_3, L_5 wählt man am besten auswechselbar (Honigwabenspulen), während L_2 und L_4 festsitzen können. Nimmt

Verwendung der Elektronenröhre in der Funktechnik. 151

man für L_2 und L_4 Honigwabenspulen von 300 Windungen, so müssen C_2 und C_4 annähernd eine Kapazität von 500 cm haben. Die Schwingungskreise L_2, C_2 und L_4, C_4 brauchen nur in engen Grenzen abstimmbar zu sein.

Ein ähnlicher Gedanke liegt der Superregenerativschaltung zugrunde. Beim Arbeiten mit Rückkopplungsschaltungen findet man häufig, meistens durch Zufall, eine Spulenstellung, bei der die Verstärkung außerordentlich groß ist. Das hat seinen Grund darin, daß die Rückkopplung eine hohe Dämpfungsreduktion bedeutet. Die Stellung der höchsten Dämpfungsreduktion läßt sich

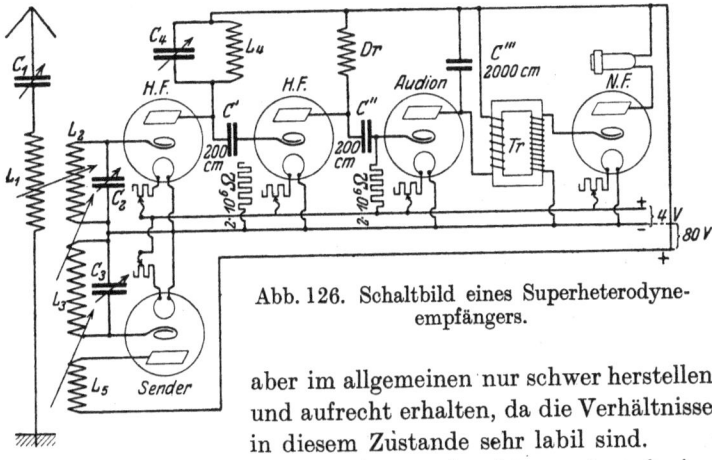

Abb. 126. Schaltbild eines Superheterodyneempfängers.

aber im allgemeinen nur schwer herstellen und aufrecht erhalten, da die Verhältnisse in diesem Zustande sehr labil sind.

Der Superregenerativempfänger beruht nun darauf, eine Art pendelnde Rückkopplung um den günstigsten Punkt herbeizuführen, d. h. auf elektrischem Wege eine periodisch schwankende Rückkopplungsänderung herzustellen. Es wird zunächst die Rückkopplung bis zur Selbsterregung der Röhre gesteigert, worauf dann eine Abnahme der Rückkopplung bis zum Aufhören der Schwingungen eintritt.

Das Tempo des Pendelns muß natürlich so hoch sein, daß dadurch nicht ein besonderer Pfeifton im Hörer entsteht. Armstrong erzeugte darum eine niederfrequente Hilfsschwingung, die er dem Gitter der ersten Röhre zuführte und dadurch eine Auflading im Rhythmus der Schwingungen erzeugte. Ist nun die Rückkopplung der Röhre auf den günstigsten Punkt einmal eingestellt, so wird die Rückkopplung im Tempo der niederfrequenten Hilfsschwingung um diesen Punkt hin- und herpendeln.

Das Schaltschema eines Superregenerativempfängers sehen wir in Abb. 127. Die niederfrequente Hilfsschwingung des

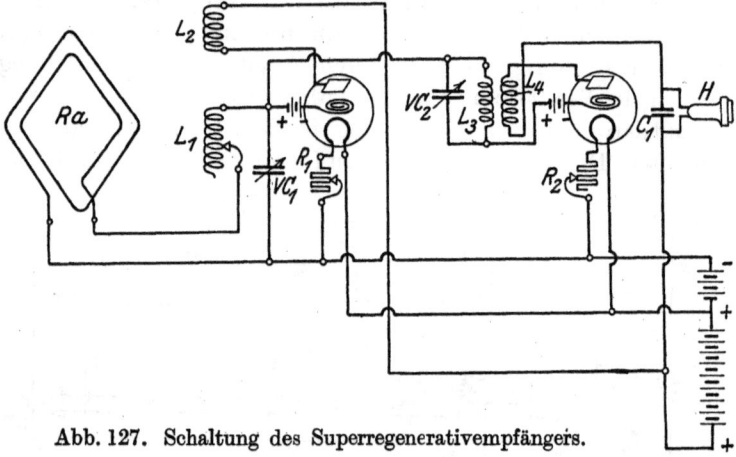

Abb. 127. Schaltung des Superregenerativempfängers.

Empfängers wird in dem Schwingungskreise VC_2, L_3 erzeugt. Daher muß die Windungszahl der Spule L_3 außerordentlich hoch sein. Im übrigen sind die Maße für diesen Empfänger: L_1 Honigwabenspule von 50 Windungen, desgl. L_2, L_3 Honigwabenspule von 1500 Windungen, L_4 Honigwabenspule von 1250 Windungen.

Literaturverzeichnis.

Bücher

Anderle, F.: Lehrbuch der drahtlosen Telegraphie u. Telephonie. 5. Aufl. 275 S.
Barkhausen, H.: Elektronenröhren. 2. Aufl.
Hund: Hochfrequenzmeßtechnik. 326 S.
Lübben, C.: Röhrenempfangsschaltungen für die Radiotechnik.
Lertes, P.: Die drahtlose Telegraphie und Telephonie. 2. Aufl. 200 S.
Möller, H.: Die Elektronenröhre und ihre technische Anwendung.
Mosler, H.: Einführung in die moderne drahtlose Telegraphie und ihre Verwendung.
Nesper, E.: Handbuch der drahtlosen Telegraphie und Telephonie. 2 Bd. 1253 S.
Nesper, E.: Der Radio-Amateur. (Broadcasting.) 5. Aufl.
Rein, H. u. K. Wirtz: Lehrbuch der drahtlosen Telegraphie. 2 Aufl. (In Vorb.)
— Radiotelegraphisches Praktikum. 3. Aufl.
Scott-Taggart, J.: Elementares Handbuch der drahtlosen Vakuumröhre. Ins Deutsche übersetzt nach der 4. durchgesehenen engl. Aufl. von Dr. E. Nesper u. Dr. S. Loewe.
Zenneck, S.: Lehrbuch der drahtlosen Telegraphie und Telephonie. 5. Aufl. (In Vorb.)

Zeitschriften

Jahrbuch der drahtlosen Telegraphie und Telephonie (monatl. 1 Heft).
Der Radioamateur (wöchentl. 1 Heft).
Der Funk (wöchentl. 1 Heft).

Namen- und Sachverzeichnis.

Akkumulator 23, 46
Ampere 22
Amperemeter 36, 44, 72
Amplitude 52, 79
Anion 5, 22
Anode 108, 110
Anodenstrom 112
Antenne 100
Aperiodische Entladung 78
Arbeit 10, 24, 47
Arco, Graf von 53
Arsmtrong 149
Atom 1
Atomgewicht 2
Atomzerfall 3
Audion 129

Beeinflussungsfaktor 128
Bewegungsenergie 82
Biot 32
Blockkondensator 17
Branly 102
Braun 103
Brücke von Wheatstone 41, 75, 118

Cal. 24
Coulomb 6, 27
Coulombsches Gesetz 6, 27
Crookesche Röhre 109

Dämpfung 80
Detektor 89, 94
Dielektrikum 8, 16
Dielektrizitätskonstante 8, 16
Dipol 90
Drehkondensator 18
Drehspulenamperemeter 37
Drehwiderstand 40
Drosselspule 65, 141

Durchgriff 115
Dyne 6, 27

Effekt 25
Effektivwert der Spannung oder der Stromstärke 73
Eingangstransformator 58
Elektrizitätsmenge 6
Elektrodynamometer 73
Elektromagnet 36
Elektron 3, 108
Elektronenröhre 108
Element, chemisches 1
— galvanisches 22
Emissionsstrom 111
Energie, kinetische 82
— potentielle 10
Erg 12

Farad 16
Faraday 2, 3
Feddersen 78
Feld, elektrisches 5
— magnetisches 26
Feldstärke, elektrische 8
— magnetische 28
Flachspule 59
Flachspulenvariometer 61
Flemmingsche Regel 32
Forest, Lee de 59
Frequenz 50, 79, 83
Frequenzmesser 89
Fritter 102
Funke, elektrischer 78
Funkeninduktor 58
Funktion 49

Geißler (Röhre) 89, 109
Gedämpfte Schwingung 79, 103
Geschlossener Schwingungskreis 82, 90

Namen- und Sachverzeichnis.

Gitter 112
Gitterstrom 112
Glimmlampe 110
Goldschmidt 53
Grundstoff 1
Graetz 4
Güte der Röhre 122

Handregel, linke 35
— rechte 32
Henry 57
Hertz, Heinrich 2, 94, 102
Hitzdrahtamperemeter 36
Hochfrequenz 50
Hochfrequenzverstärker 139
Hochvakuumröhre 110
Honigwabenspule 59

Impedanz 65
Indifferenzstelle 26
Induktion, elektromagn. 53
— magnet. 29
Ionen 5
Ionisation 5

Joule 12, 24, 47

Käfigspule 59
Kalorie 24
Kapazität 13
Kathode 108, 110
Kathodenfall 109
Kation 5, 22
Kennlinie 113
Kinetische Energie 82
Kirchhoff 82
Koeffizient der gegens. Induktion 55
— der Selbstinduktion 56
Kondensator 13
Konduktor 22
Kopplung 84
Korndörfer 61
Kraftfluß 28
Kraftlinien, elektrische 8, 97
—magnetische 28, 97
Kugelvariometer 61
Kurzschluß 39

Langmuir 115
Lecher 100
Leitfähigkeit 40
Leistung 25
Leydener Flasche 17
Linke-Hand-Regel 35
Löschfunkenerregung 88, 106
Löschfunkenstrecke 88, 106

Magnetismus 26
Marconi 102
Maxwell 102
Meißner 125
Mikrofarad 16
Mikrophon 127
Modulation 128
Molekül 2
Molekularmagnete 27

Nebenschlußwiderstand 44
Neutrodyne-Empfänger 142
Niederfrequenzverstärker 136
Niveaufläche 10
Nordpol 26

Oberschwingungen 93
Offener Schwingungskreis 93
Ohm 38
Ohmmeter 43
Ohmsches Gesetz 38
Oszillator 93
Oszillatorische Bewegung 80
Oxydröhre 123

Parallelschaltung der Kondensatoren 19
— der Selbstinduktionsspulen 60
— der Widerstände 42
Pendel 79
Periode 50, 82
Periodenzahl 50, 79, 83
Permeabilität 28, 29
Phase 64, 98
Phasenwinkel 64
Plattenkondensator 14
Pol 21, 26
Polstärke 27

Potential 10
Potentialdifferenz 10, 24
Potentielle Energie 10
Potentiometerschaltung 45, 138
Primär 54
Primärkreis 85
Pungs-Gerth 129

Quasistationär 53, 91, 93

Radioaktivität 3
Raehmnantenne 144
Raumladung 110
Rechte-Hand-Regel 32
Reflexschaltung 147
Reihenschaltung von Kondensatoren 19
— von Selbstinduktionsspulen 60
— von Widerständen 42
Reinartzschaltung 149
Resonanz 69, 89
Rückkopplung 125
Rutherford 4

Sättigung 30, 111
Sättigungsstrom 111
Savart 32
Scheitelwert 52
Schiebewiderstand 40
Schottky 115
Schwebung 87
Schwingaudion 135
Schwingung 79
Schwingungsdauer 79
Schwingungskreis, geschlossener 82, 90
— offener 93
— Thomsonscher 82
Seibt 93
Sekundär 54
Sekundärkreis 85
Selbstinduktion 55
Shunt 44
Siemens, Werner von 73
Sinuslinie 50
Skineffekt 93
Slaby 102
Spannungsabfall 44
Spannungsdifferenz 10, 24

Spannungsmesser 42
Spezifischer Widerstand 39
Stationär 22
Steilheit 117
Stoßkreis 105
Strom, elektrischer 21
Stromwärme 25
Südpol 26
Superheterodyne-Empfänger 150
Superregenerativ-Empfänger 151

Tesla 92
Tesla-Transformator 92
Telephonie, drahtlose 125
Thomsonscher Schwingungskreis 82
Thoriumröhre 123
Tondrossel 106
Trägerwelle 128
Transformator 58, 137, 141

Ungedämpfte Schwingung 79, 107
Überlagerer 134
Ultraröhre 123

Variometer 60
Verschiebungsstrom 91
Volt 12
Voltmeter 42, 72

Watt 25
Weber 34
Wechselspannung 48, 49
Wechselstrom 48, 49
Wechselstromwiderstand 64
Welle 50, 98
Wellenmesser 89
Weicheisenamperemeter 36
Wheatstonesche Brücke 41, 75, 118
Widerstand, Ohmscher 38
— spezifischer 39
— induktiver 65
— innerer 45, 118
— kapazitiver 68
Widerstandsmesser 43
Wien 88

Zylinderspule 59
Zylindervariometer 61

Verlag von Julius Springer in Berlin W 9

Bibliothek des Radio-Amateurs

Herausgegeben von
Dr. Eugen Nesper

1. Band: **Meßtechnik für Radio-Amateure.** Von Dr. **Eugen Nesper.** Dritte Auflage. Mit 48 Textabbildungen. (56 S.) 1925.
   0.90 Goldmark

3. Band: **Schaltungsbuch für Radio-Amateure.** Von **Karl Treyse.** Neudruck der zweiten vervollständigten Auflage. (19.—23. Tausend.) Mit 141 Textabbildungen. (64 S.) 1925. 1.20 Goldmark

4. Band: **Die Röhre und ihre Anwendung.** Von **Hellmuth C. Riepka,** zweiter Vorsitzender des Deutschen Radio-Clubs. Zweite, vermehrte Auflage. Mit 134 Textabbildungen. (111 S.) 1925.
   1.80 Goldmark

5. Band: **Praktischer Rahmen-Empfang.** Von Ing. **Max Baumgart.** Zweite, vermehrte und verbesserte Auflage. Mit 51 Textabbildungen. (82 S.) 1925. 1.80 Goldmark

6. Band: **Stromquellen für den Röhrenempfang** (Batterien und Akkumulatoren). Von Dr. **Wilhelm Spreen.** Mit 61 Textabbildungen. (72 S.) 1924. 1.50 Goldmark

7. Band: **Wie baue ich einen einfachen Detektor-Empfänger?** Von Dr. **Eugen Nesper.** Zweite Auflage. Mit 30 Abbildungen im Text und auf einer Tafel. (60 S.) 1925. 1.35 Goldmark

8. Band: **Nomographische Tafeln für den Gebrauch in der Radiotechnik.** Von Dr. **Ludwig Bergmann.** Mit etwa 50 Textabbildungen und zwei Tafeln. Zweite Auflage. Erscheint im Sommer 1925.

9. Band: **Der Neutrodyne-Empfänger.** Von Dr. **Rosa Horsky.** Mit 57 Textabbildungen. (53 S.) 1925. 1.50 Goldmark

10. Band: **Wie lernt man morsen?** Von Studienrat **Julius Albrecht.** Mit 7 Textabbildungen. Zweite Auflage. Erscheint im Juli 1925.

11. Band: **Der Niederfrequenz-Verstärker.** Von Ing. **O. Kappelmayer.** Mit 36 Textabbildungen. Zweite, vermehrte Auflage.
    Erscheint im Sommer 1925.

Verlag von Julius Springer in Berlin W 9

Bibliothek des Radio-Amateurs. Herausgegeben von Dr. **Eugen Nesper.** (Fortsetzung).

12. Band: **Formeln und Tabellen aus dem Gebiete der Funktechnik.** Von Dr. **Wilhelm Spreen.** Mit 34 Textabbildungen. (76 S.) 1925.
1.65 Goldmark

13. Band: **Wie baue ich einen einfachen Röhrenempfänger?** Von **Karl Treyse.** Mit 28 Textabbildungen. (50 S.) 1925.
1.35 Goldmark

15. Band: **Innen-Antenne und Rahmen-Antenne.** Von Dipl.-Ing. **Friedrich Dietsche.** Mit 25 Textabbildungen. (65 S.) 1925.
1.35 Goldmark

16. Band: **Baumaterialien für Radio-Amateure.** Von **Felix Cremers.** Mit 10 Textabbildungen. (101 S.) 1925. 1.80 Goldmark

In den nächsten Wochen werden erscheinen:

14. Band: **Die Telephonie-Sender.** Von Dr. **P. Lertes.**

17. Band: **Reflex-Empfänger.** Von cand. ing. radio **Paul Adorján.** Mit 52 Textabbildungen.

18. Band: **Fehlerbuch des Radio-Amateurs.** Von Ingenieur **Siegmund Strauß.** Mit etwa 70 Textabbildungen.

19. Band: **Internationale Rufzeichen.** Von **Erwin Meißner.**

20. Band: **Lautsprecher.** Von Dr. **Eugen Nesper.** Mit etwa 50 Textabbildungen.

21. **Funktechnische Aufgaben und Zahlenbeispiele** für den Radio-Amateur. Von **Karl Mühlbrett.** Mit 45 Textabbildungen und einer Tafel.

22. **Ladevorrichtungen und Regenerier-Einrichtungen der Betriebsbatterie für den Röhrenempfang.** Von Dipl.-Ing. **Friedrich Dietsche.** Mit etwa 50 Textabbildungen.

23. Band: **Kettenleiter und Sperrkreise.** Von **Carl Eichelberger.**

24. Band: **Hochfrequenzverstärker.** Von Dipl.-Ing. Dr. **Arthur Hamm.**

25. Band: **Die Hochantenne.** Von Dipl.-Ing. **Friedrich Dietsche.**

26. Band: **Reinartz-(Leithäuser) Schaltungen.** Von Ingenieur **Walter Sohst.**

Verlag von Julius Springer in Berlin W 9

Der Radio-Amateur
(Radiotelephonie)
Ein Lehr- und Hilfsbuch für die Radio-Amateure aller Länder
Von
Dr. Eugen Nesper
Sechste, vollständig umgearbeitete und erweiterte Auflage
Mit 954 Textabbildungen auf 830 Seiten
Erscheint im Juli 1925
Gebunden 27 Goldmark

Lehrkurs für Radio-Amateure
Leichtverständliche Darstellung der drahtlosen Telegraphie und Telephonie unter besonderer Berücksichtigung der Röhrenempfänger
Von
H. C. Riepka
Mitglied des Hauptprüfungsausschusses
des Deutschen Radio-Clubs e. V., Berlin
Mit 151 Textabbildungen. (159 S.) Gebunden 4.50 Goldmark

Radio-Technik für Amateure
Anleitungen und Anregungen
für die Selbstherstellung von Radio-Apparaturen, ihren Einzelteilen und ihren Nebenapparaten
Von
Dr. Ernst Kadisch
Mit 216 Textabbildungen. (216 S.) 1925
Gebunden 5.10 Goldmark

Englisch-Deutsches und Deutsch-Englisches Wörterbuch der Elektrischen Nachrichtentechnik
Von
O. Sattelberg
im Telegraphischentechnischen Reichsamt Berlin
Erster Teil: Englisch-Deutsch
(292 S.) 1925. Gebunden 9 Goldmark

Verlag von Julius Springer in Berlin W 9

Der Fernsprechverkehr als Massenerscheinung mit starken Schwankungen. Von Dr. G. Rückle und Dr.-Ing. F. Lubberger. Mit 19 Abbildungen im Text und auf einer Tafel. (155 S.) 1924.
11 Goldmark; gebunden 12 Goldmark

Radiotelegraphisches Praktikum. Von Dr.-Ing. H. Rein. Dritte, umgearbeitete und vermehrte Auflage. Von Prof. Dr. K. Wirtz, Darmstadt. Mit 432 Textabbildungen und 7 Tafeln. (577 S.) 1921. Berichtigter Neudruck. 1922. Gebunden 20 Goldmark

---

Radio-Schnelltelegraphie. Von Dr. Eugen Nesper. Mit 108 Abbildungen. (132 S.) 1922. 4.50 Goldmark

---

Elementares Handbuch über drahtlose Vakuum-Röhren. Von **John Scott Taggart**, Mitglied des Physikalischen Institutes London. Ins Deutsche übersetzt nach der vierten, durchgesehenen englischen Auflage von Dipl.-Ing. Dr. **Eugen Nesper** und Dr. **Siegmund Loewe**. Mit etwa 140 Abbildungen im Text. Erscheint im Sommer 1925.

Lehrbuch der drahtlosen Telegraphie. Von Dr.-Ing. Hans Rein. Nach dem Tode des Verfassers herausgegeben Dr. K. Wirtz, Professor, Darmstadt. Zweite Auflage. In Vorbereitung.

Verlag von Julius Springer und M. Krayn in Berlin W 9

Der Radio-Amateur. Zeitschrift für Freunde der drahtlosen Telephonie und Telegraphie. Organ des Deutschen Radio-Clubs. Unter ständiger Mitarbeit von Dr. Walther Burstyn-Berlin, Dr. Peter Lertes-Frankfurt a. Main, Dr. Siegmund Loewe-Berlin und Dr. Georg Seibt-Berlin u. a. m. Herausgegeben von Dr. **E. Nesper**-Berlin und Dr. **P. Gehne**-Berlin. Erscheint wöchentlich im Umfange von 20—24 Seiten mit Wochenprogramm sämtlicher deutscher Rundfunksender. Vierteljährlich 5 Goldmark / Einzelheft 0.40 Goldmark
(Die Auslieferung erfolgt vom Verlag Julius Springer in Berlin W 9)

GPSR Compliance
The European Union's (EU) General Product Safety Regulation (GPSR) is a set of rules that requires consumer products to be safe and our obligations to ensure this.

If you have any concerns about our products, you can contact us on

ProductSafety@springernature.com

In case Publisher is established outside the EU, the EU authorized representative is:

Springer Nature Customer Service Center GmbH
Europaplatz 3
69115 Heidelberg, Germany

www.ingramcontent.com/pod-product-compliance
Lightning Source LLC
Chambersburg PA
CBHW071721100426
42873CB00016B/356